Do Desenho Industrial ao Design no Brasil

Blucher

Coleção Pensando o Design
Coordenação
Marcos Braga

Do Desenho Industrial ao Design no Brasil

Uma bibliografia crítica para a disciplina

Milene Cara

Do desenho industrial ao design no Brasil: uma bibliografia crítica para a disciplina
2010 © Milene Soares Cara
Editora Edgard Blücher Ltda.

Blucher

Publisher Edgard Blücher
Editor Eduardo Blücher
Editora de desenvolvimento Rosemeire Carlos Pinto
Diagramação Know-How Editorial
Preparação de originais Eugênia Pessotti
Revisão de provas Thiago Carlos dos Santos
Capa Lara Vollmer
Projeto gráfico Priscila Lena Farias

Rua Pedroso Alvarenga, 1245 – 4° andar
04531-012 – São Paulo, SP – Brasil
Tel.: (55_11) 3078-5366
editora@blucher.com.br
www.blucher.com.br

Segundo Novo Acordo Ortográfico, conforme 5. ed.
do *Vocabulário Ortográfico da Língua Portuguesa*,
Academia Brasileira de Letras, março de 2009.

Ficha Catalográfica

Cara, Milena
Do desenho industrial ao design no Brasil: uma bibliografia crítica para a disciplina / Milena Cara (Coleção pensando o design / Marcos Braga, coordenador) -- São Paulo: Blucher, 2010.

Bibliografia

1. Desenho industrial - Estudo e ensino - Brasil 2. Design - Estudo e ensino - Brasil I. Braga, Marcos. II. Título. III. Série.

10-10415 CDD-745.2

Índices para catálogo sistemático:
1. Brasil: Desenho industrial e design:
Estudo e ensino 745.2

Uma contribuição ao debate

O presente volume é uma revisão crítica da dissertação *Do desenho industrial ao design no Brasil* – uma bibliografia crítica para a disciplina, apresentada à Faculdade de Arquitetura e Urbanismo da Universidade de São Paulo (FAU-USP) para obtenção do título de Mestre em Arquitetura e Urbanismo na área de concentração de Design e Arquitetura e selecionada para a exposição na categoria trabalhos escritos da 22ª edição do Prêmio Design do Museu da Casa Brasileira em 2008.

A pesquisa originou-se da preocupação de Milene Cara em compreender o processo de construção da noção de desenho industrial apoiada no modelo modernista, e identificar como a crise dessa noção foi tratada no ambiente brasileiro.

Por meio da análise de fontes dos anos 1950, 1960 e 1970, principalmente dos artigos mais significativos para a construção e definição do campo de conhecimento, a pesquisa traçou um panorama do pensamento sobre os significados dos termos que nomearam a atividade profissional em foco: desenho industrial e design.

Longe de um consenso, o debate contemporâneo brasileiro se debruça sobre as definições, caminhos, fronteiras e interdisciplinaridades de uma atividade profissional que tem seu campo de conhecimento em constante movimento. Para muitos, esses dois termos continuam sinônimos. Para outros, são distintos, e, para terceiros, o design é uma expansão do campo do desenho industrial em direção a uma relação mais complexa entre o homem e a cultura material em consonância com a complexidade que o mundo contemporâneo atingiu.

Desse modo, o texto de Milene Cara é oportuno e pretende contribuir para o referido debate, recuperando e analisando os discursos que definiram os significados que os dois termos representavam em seus contextos em uma época importante para a construção do campo profissional desta atividade no Brasil. Época que internacionalmente se evidencia uma crise do paradigma que pregava a união entre design e indústria como o único caminho a ser almejado pelos designers em diferentes contextos de desenvolvimentos econômicos e culturais.

O objetivo não é tomar partido e nem desqualificar qualquer uma das posições do debate, mas subsidiar as reflexões com informações sobre o processo de definições e redefinições em um período histórico no qual se estabeleceu as bases dos pensamentos das diferentes vertentes do campo do design brasileiro na atualidade. Partindo da afirmação da professora Anamaria de Moraes, que "quando se sabe recomeçar fica mais fácil retomar ideias e avançar", eu diria que refazendo o caminho percorrido até aqui se tem condições de entender as atuais ideias e fica mais fácil clarificar, em bases conceituais, a escolha dos caminhos a serem defendidos como os ideais para o avanço do design.

Marcos Braga

São Paulo, 2010

O todo sem a parte não é todo,
A parte sem o todo não é parte.
Gregório de Matos

Àquela que me faz ser parte do todo que é:
Obrigada por toda a dedicação, carinho, cumplicidade,
paciência e companheirismo despendidos
e por todos esses anos de torcida e joelhos dobrados.

Agradecimentos

Ao decidir assumir os desafios presentes na pesquisa e a me aventurar em meio a tantos artigos e conhecimentos para produzir este texto não posso deixar de agradecer às pessoas que permitiram que esse desafio e essa aventura obtivessem bons resultados. Assim expresso aqui meus agradecimentos.

Ao professor e orientador Luciano Migliaccio, pela generosidade em partilhar seu tempo e seu conhecimento comigo e com seus alunos, pelo seu incentivo e orientação segura e, sobretudo, por sempre acreditar e confiar em minha capacidade, mesmo quando ela estava além das minhas próprias crenças. *Grazie!*

Ao professor Marcos Braga, que, ao dedicar seu tempo à leitura atenta deste texto, recomendou-o à publicação. Aos também professores Agnaldo Farias, Giorgio Giorgi, João de Souza Leite e Carlos Egídio Alonso, por todos os conselhos recebidos ao longo do desenvolvimento desta tarefa.

À Fundação de Amparo à Pesquisa do Estado de São Paulo (Fapesp) pelos recursos disponibilizados para o desenvolvimento desta pesquisa.

Aos amigos e colegas de pós-graduação pelos bons momentos vividos.

Conteúdo

Introdução

No Brasil, a partir dos anos 1990, e graças ao estímulo das mudanças promovidas com a abertura econômica, iniciou-se uma retomada crescente das discussões em relação ao papel do design na produção em um novo contexto definido por novos aspectos tecnológicos e industriais, notadamente caracterizados por processos de automação e informática, bem como pelas questões ambientais que, atualmente, conduzem grande parte dos debates relativos ao tema desta pesquisa.

Vale dizer que as posturas político-econômicas adotadas no período, independentemente da possibilidade de serem ou não questionadas, não serão alvo do debate que se trava aqui e tampouco serão tema deste texto. No entanto, não se pode deixar de ressaltar que tais mudanças trouxeram novamente o design ao debate cultural.

Diante disso, resta-nos perguntar: quais paradigmas fundamentam a disciplina que entra em cena mais uma vez no discurso brasileiro? Além das expectativas condicionadas à produção, há ainda outro papel a ser exercido pelo design na sociedade brasileira? Quais são as perspectivas para o ensino da disciplina nos dias de hoje? Essas e algumas outras questões fundamentam as discussões aqui contidas e pretendem chamar a atenção do leitor para o fato de que se revela fundamental refletir sobre quais conteúdos e paradigmas informarão a discussão sobre o campo do design para a sua consolidação e contribuição ao contexto brasileiro.

Por um lado, há uma ênfase recente à importância do design no contexto nacional e internacional; contudo, é bastante fácil constatar a escassez de bibliografia sobre o tema, especialmente na literatura brasileira. São ainda poucos os autores que se detiveram a discussões aprofundadas, especialmente, a leituras teóricas sobre o assunto em território nacional. Podemos citar alguns textos relevantes, como o Desenho industrial de Júlio Roberto Katinsky[1] e *Móvel moderno no Brasil* de Maria Cecília Loschiavo dos Santos.[2] Destacam-se também, mais

1 KATINSKY, Júlio Roberto. Desenho industrial. In: ZANINI, Walter (Org.). *História geral da arte no Brasil.* São Paulo: Instituto Moreira Salles, 2 v., 1983.

2 SANTOS, Maria Cecília Loschiavo dos. *Móvel moderno no Brasil.* São Paulo: Studio Nobel: Fapesp, 1995.

recentemente, textos publicados nos últimos cinco anos de autores como Rafael Cardoso,[3] João de Souza Leite[4] e Dijon De Moraes.[5]

Vale ressaltar que um dos fatores relevantes para a escassez de fontes de pesquisa é a "novidade" do tema frente a outras áreas de conhecimento. A abordagem da literatura internacional sobre design, embora seja extensa, apresenta uma vastíssima quantidade de material promocional, mas também de propostas e pontos de vista muito diversos entre si.

> Textos construídos em torno de objetos e métodos de outras disciplinas mais antigas e legitimadas revelam que não há critérios claros e indiscutíveis de exclusão e inclusão e, na realidade, a história do design existe de fato há pouco e até agora não é dotada de autonomia.[6]

As mudanças ao longo das décadas e a falta de consenso em relação ao conceito de design revelam não só a juventude do assunto, mas, ao mesmo tempo, instigam de forma desafiadora as pesquisas em torno do tema.

Assim, se, nas duas últimas décadas, são relevantes o reconhecimento do caráter estratégico e a possibilidade de contribuição do design a um projeto de desenvolvimento nacional – não somente do ponto de vista econômico, mas também em relação a aspectos socioculturais e ambientais –, torna-se urgente a produção de conhecimento para o aprofundamento e a fundamentação das discussões sobre o tema no Brasil.

Dessa forma, este texto apresenta um caráter bibliográfico ou antológico, e um de seus principais objetivos é tornar-se um instrumento para futuras pesquisas direcionadas ao tema.

A pesquisa em questão teve como metodologia a constituição de um panorama bibliográfico, a partir de fontes encontradas nos índices produzidos pela biblioteca da Faculdade de Arquitetura e Urbanismo da Universidade de São Paulo (FAU-USP) e no acervo da biblioteca do Museu de Arte de São Paulo (Masp).

A constituição de uma bibliografia parte do pressuposto de que, para que seja possível definir historicamente a construção do campo do design no País – fenômeno relativamente recente – seja oportuna a reunião de elementos relativos a três campos fundamentais: a crítica e a imprensa especializadas; as instituições de ensino e as exposições e a criação de estruturas expositivas destinadas à formação de um público específico. Destes, os artigos relativos à disciplina são prioritariamente enfatizados e, exposições e diretrizes do ensino da disciplina

3 Recentemente, foram publicados dois livros de autoria de Rafael Cardoso. São eles:

CARDOSO, Rafael. *Uma introdução à história do design*. São Paulo: Blucher, 2004.

CARDOSO, Rafael (Org.). *O design brasileiro antes do design*: aspectos da história gráfica, 1870-1960. São Paulo: Cosac Naify, 2005.

4 LEITE, João de Souza. *A herança do olhar*: o design de Aloísio Magalhães. Rio de Janeiro: Artviva, 2003.

LEITE, João de Souza. De costas para o Brasil: o ensino de um design internacionalista. In: MELO, Chico Homem de (Org.). *O design gráfico brasileiro*: anos 60. São Paulo: Cosac Naify, 2006.

5 MORAES, Dijon De. *Análise do design brasileiro*: entre mimese e mestiçagem. São Paulo: Blucher, 2006.

6 CASTELNUOVO, Enrico; GLUBER, Jacques; MATTEONI, Dario. L'oggetto misterioso. In: CASTELNUOVO, Enrico (Org.). *Storia del disegno industriale*: 1919-1990 Il dominio del design. Milano: Electa, 1991.

constituem parâmetros secundários presentes no desenvolvimento do texto. Trata-se, portanto, de um inventário da produção teórica e cultural relativa à disciplina, localizado entre as décadas de 1950, 1960 e 1970 e, por meio do diálogo entre as fontes, será possível compreender o contexto geral do debate sobre o assunto e seus desdobramentos práticos.

A constituição de um repertório de informações relativo ao período entre os anos 1950 e 1970 é decisiva para a compreensão da dinâmica do próprio campo de conhecimento ainda em construção. Por meio da leitura analítica da produção cultural de uma época pretende-se o entendimento sobre o significado de desenho industrial no País durante o período e a fundamentação para uma discussão mais ampla sobre os significados contidos ao que hoje chamamos de **design**.

Diante desse amplo panorama, estabeleceu-se como critério de seleção a ênfase e análise somente dos artigos significativos para a construção e definição do campo de conhecimento. No entanto, os outros textos, que possuem caráter promocional da produção de determinados setores ou determinados autores, serão listados e indexados.

Sob esses aspectos, não se pretende uma análise em profundidade de todo o material levantado, mas o destaque às contribuições mais relevantes sob a óptica de duas questões principais: o debate teórico e as características do desenvolvimento histórico da área no Brasil.

No debate teórico, a problemática do significado é um dos paradigmas mais constantes na discussão internacional e nas pesquisas direcionadas ao tema. "A historiografia da disciplina é recente e a própria bibliografia apresenta uma grande quantidade de aproximações e pontos de vista muito diferentes entre si",[7] o que determina grande dificuldade a qualquer pesquisa que intenta uma abordagem historiográfica. Segundo Margolin:

> A literatura corrente sobre design exprime uma multiplicidade de tensões, resistências, alternativas (...). A diversidade da reflexão contemporânea sobre design tem feito emergir muitas direções que antes haviam sido represadas ou colocadas à parte.[8]

Um dos objetivos desta pesquisa é justamente, a partir do critério estabelecido para a eleição do material examinado, iluminar aspectos relativos à nomenclatura da disciplina e sua definição.

Na questão histórica, é nos anos 1970 que o panorama da historiografia sobre arquitetura e design contemporâneos é enriquecido com novas contribuições mais atentas a considerar

7 CASTELNUOVO, Enrico; GLUBER, Jacques; MATTEONI, Dario. L'oggetto misterioso. In: CASTELNUOVO, Enrico (Org.). op cit.

8 CASTELNUOVO, Enrico; GLUBER, Jacques; MATTEONI, Dario apud MARGOLIN, Victor. *Design discourse*. Chicago, 1989.

o peso e as conquistas do movimento moderno. Na área de arquitetura, a publicação, em 1966, do livro *Complexidade e contradição*, de Robert Venturi, mudou radicalmente a atitude das pessoas em relação à arquitetura moderna. Soma-se também a influência de novos paradigmas externos à disciplina, sobretudo a fenomenologia e as teorias da comunicação, que passam a acrescentar novos modos de abordar a sua crise, inaugurando um período de reexame na arquitetura.

Contemporaneamente também, é possível identificar uma crise da noção de desenho industrial. A historiografia do design não surge como resultado apenas de uma pesquisa erudita, mas, sobretudo, de modo militante fortemente ancorado a motivações não somente culturais, mas morais e políticas. Pevsner e Gideon, os mesmos autores que inauguraram a historiografia sobre o desenho industrial, foram pioneiros nessa abordagem à história do movimento moderno em arquitetura. Tal vínculo revela que a noção esteve, desde então, condicionada pelos ideais do movimento moderno.

No entanto, nos mesmos anos 1970, com a crise do moderno, somam-se também novas contribuições à área, sobretudo a partir das obras de Reyner Banham e Tomás Maldonado.

Assim, a noção de desenho industrial, como fora genuinamente definida, na qual há uma redução dos aspectos de projeto às questões formais e funcionais, não parece ser mais suficiente para incluir os contextos distintos em que o designer é chamado para atuar pelos desenvolvimentos do capitalismo contemporâneo. É nesse mesmo período que a literatura internacional abandona nomenclaturas como *industrial design*, que fora traduzido como **desenho industrial**, enfocando sobretudo o desenho do produto, e passa a utilizar somente o termo inglês design, com significado mais amplo, incluindo as complexas relações entre a produção e os aspectos tecnológicos, sociais, políticos e psicológicos que a envolvem.

É esse contexto, portanto, que justifica o recorte temporal determinado pela pesquisa. O debate sobre o desenho industrial ganha contornos significativos no Brasil somente a partir do processo de industrialização acelerada promovido pelo Estado a partir dos anos 1950; sendo totalmente vinculado à difusão do projeto moderno no continente americano. Esse descompasso não deixou de ter reflexos também no discurso sobre o tema da caracterização de um design brasileiro. Se, nos anos 1960, grande parte da literatura nacional preocupou-se em esclarecer o significado da disciplina em questão; em âmbito internacional, tal noção já apresentava uma crise de sentido.

Dessa forma, o recorte aqui proposto tenta compreender o processo de construção da noção de desenho industrial apoiada no modelo modernista e, identificar, a partir dos anos 1960 e 1970, como essa crise é absorvida no ambiente brasileiro.

Nos últimos anos da década de 1950, já é possível identificar contribuições que refletem e questionam a validade dos conteúdos de matriz racional-funcionalista no âmbito brasileiro. Nos anos 1960, as colocações de Décio Pignatari, influenciadas pelas teorias da comunicação semiótica, já reveem aspectos da raiz modernista contida na noção de desenho industrial.[9] E é possível localizar artigos no Brasil que se utilizam somente do termo design num sentido mais amplo já em 1971.[10] Porém, ainda em 1979, no I Encontro Nacional de Desenho Industrial (I ENDI) realizado no Rio de Janeiro, decide-se identificar a profissão como desenho industrial, com as habilitações desenho de produto e programação visual,[11] e somente em 1988, no workshop *O ensino do design nos anos 90*, realizado no bairro de Canasvieiras em Florianópolis, Santa Catarina que, por meio da elaboração do documento, *Carta de Canasvieiras*, afirma-se em definitivo o uso do termo design, com os desdobramentos: design de produto e design gráfico.[12]

É importante salientar que a partir dessas considerações, adotar-se-á a nomenclatura **desenho industrial** quando relacionada às décadas de 1950 e 1960, uma vez que nesta expressão está contido um significado diverso da noção de design; nomenclatura adotada para a disciplina a partir dos anos 1970.

Portanto, nesse contexto, é possível compreender a noção de design como superação da noção modernista de **desenho industrial.** Design, no contexto da pós-modernidade, passa a conter outros significados, ainda pouco definidos, que não se relacionam somente aos aspectos materiais e projetuais do objeto, mas sobretudo com o conjunto da experiência humana construída pelos objetos produzidos.

Atualmente, o que está contido no termo design parece definir a construção de significados a partir das relações que o homem estabelece com seus objetos. Portanto, a posse de um determinado objeto é capaz de construir representações, significados invisíveis, que passam a determinar o reconhecimento do indivíduo em sua esfera social e, dessa forma, estabelecer um ambiente artificial – uma experiência particular – do indivíduo sobre si mesmo. O projeto vai além dos aspectos funcionais e materiais, abrangendo a concepção de significados intangíveis impregnados na materialidade do objeto.

9 Ver PIGNATARI, D. A profissão de desenhista industrial. *Arquitetura*, n. 21, 1964. p. 25-28.

10 Ver: Design: Arnold Wolfer, designer. *Casa & Jardim*, n. 198, 1971. p. 24-27; Design: Geraldo de Barros. *Casa & Jardim*, n. 199, 1971. p. 24-27; Novas tendências do design francês. *Casa & Jardim*, n. 201, 1971. p. 8; PAPANEK, Victor. Depoimento: o que é design? Trad. Marco Antônio Amaral Rezende. C. J. *Arquitetura*, n. 5, 1974. p. 12-16; entre outros.

11 É importante justificar que os textos divulgados neste evento não foram aqui incluídos em virtude do conhecimento posterior à conclusão desta pesquisa. Notas sobre o evento foram localizadas somente nos periódicos publicados na década de 1980.

12 REDIG, Joaquim. Um encontro histórico. *Design & Interiores*, n. 10, 1988. p. 108-110.

É válido destacar que este texto não pretenderá estabelecer uma definição para a área em questão, mas somente contribuir à reflexão sobre a disciplina no País evidenciando a complexidade do debate. Para esse objetivo, portanto, é pertinente o intento de estabelecer um repertório de referências bibliográficas e contribuir para a reflexão aprofundada sobre o significado da disciplina na contemporaneidade como forma de ampliar a discussão sobre os parâmetros nos quais deverá se apoiar a prática e o ensino da disciplina no Brasil.

O texto a seguir teve como metodologia a construção de um conjunto de referências do pensamento crítico sobre **desenho industrial** e **design** no Brasil, por meio de uma pesquisa bibliográfica e documental que ofereça informações para que, posteriormente, seja possível traçar uma trajetória do desenho industrial ao design no País por meio da análise da situação corrente da disciplina, e propor novos paradigmas de pensamento para a abordagem de seus problemas em âmbito nacional.

A definição de um contexto espacial principalmente restrito às pesquisas em torno do acervo das bibliotecas do Museu de Arte de São Paulo (Masp) e da Faculdade de Arquitetura e Urbanismo (FAU) da Universidade de São Paulo foi determinada, fundamentalmente, em função do tempo para o desenvolvimento da pesquisa em mestrado, origem da discussão aqui proposta.

A pesquisa localizada no contexto paulista procurou privilegiar uma abordagem qualitativa de investigação ainda que, para uma maior amplitude, fosse necessária uma abordagem semelhante no contexto carioca e o mapeamento das atividades em torno da disciplina nos demais estados brasileiros.

O recorte temporal escolhido, período constituído por três décadas, não pretende ignorar manifestações anteriores dentro do desenho industrial brasileiro. Foram fundamentais para a disciplina: a fundação e o papel exercido na formação de profissionais dos Liceus de Arte e Ofício no País; o discurso e a atividade de Mário de Andrade nos anos 1920 e 1930; as iniciativas dos **arquitetos-designers** nos anos 1930 e ainda anteriores a essas manifestações: a constatação do uso da expressão **desenho industrial** no País, já na década de 1850, quando uma disciplina correspondente a esse nome passou a ser ministrada no curso noturno da Academia Imperial de Belas Artes.[13]

O recorte é justificado ao considerarem-se os contextoshistórico, político e econômico, determinados a partir dos anos 1950, no qual o Estado passou, de forma inédita, a se

13 CARDOSO, Rafael (Org.). *O design brasileiro antes do design*: aspectos da história gráfica, 1870-1960. São Paulo: Cosac Naify, 2005.

empenhar ativa e organizadamente na promoção do desenvolvimento industrial do País, principalmente através de duas importantes experiências: o Plano de Metas (1956-60) e do II Plano Nacional de Desenvolvimento – II PND (1975-79).[14] Período marcado por altíssimas taxas de crescimento, onde se consolida a estrutura da indústria brasileira por meio de uma política macroeconômica expansionista. Entretanto, em contraste com a experiência anterior, nos anos 1980, o Estado abandonará o planejamento do desenvolvimento industrial, em função de inúmeras circunstâncias nacionais e internacionais, encerrando, assim, um ciclo de desenvolvimento marcado pela condução do Estado em todo o processo.

Dentro desse cenário, marcado pelo início e encerramento de posturas político-econômicas muito particulares, surgiram, em função do crescimento das cidades, novas demandas espaciais e de consumo, que revelaram imperiosa a questão do desenvolvimento do desenho industrial para o País. Uma das características sintomáticas do período é o início da institucionalização do ensino de desenho industrial, especialmente no eixo São Paulo-Rio de Janeiro, por meio da fundação de escolas especializadas, para que, de alguma forma, houvesse a contribuição necessária do campo ao desenvolvimento industrial brasileiro.

O recorte temporal determina uma fase bastante significativa a partir dos acontecimentos a ela relacionados e, para a formação desse panorama bibliográfico, será considerado como parâmetro fundamental: a produção teórica – o discurso sobre a prática e a produção da disciplina, que aponta para os seus grandes desafios – documentada por meio de livros e publicações – artigos presentes em revistas comerciais, jornais, periódicos acadêmicos e debates. É pertinente destacar que o contato com a produção sobre o tema publicado por diversos meios de comunicação, revela que a autoria da maioria dos escritos sobre o assunto é coincidente com as personalidades vinculadas ao ensino da disciplina no País.

Num primeiro momento, é possível supor que o critério de escolha dos textos seja a autoria acadêmica; entretanto, o que se constata é a ausência de outros protagonistas às discussões sobre o campo. Fato que reitera a percepção do discurso do desenho industrial restrito às instituições de ensino e distanciada às discussões relativas à produção no País.

Para a abordagem do material, determinou-se critérios de organização distintos; dos anos 1950 aos 1970 o crescimento de publicações direcionadas ao tema é vertiginoso. Portanto,

14 VERSIANI, Flávio R.; SUZIGAN, Wilson. O processo brasileiro de industrialização: uma visão geral. In: X CONGRESSO INTERNACIONAL DE HISTÓRIA ECONÔMICA, Louvain, ago. 1990.

os ensaios selecionados e relativos à década de 1950 foram organizados e analisados individualmente; nos anos 1960, são consolidados grupos temáticos que reúnem as produções cujo tema se assemelha; e nos anos 1970, os artigos são analisados em sua totalidade, na medida em que foi possível determinar dois grandes temas pertinentes ao discurso da década.

Outros parâmetros são as diretrizes eleitas pelas principais instituições de ensino da época e as exposições, concursos e estruturas expositivas orientadas ao tema – reflexos do pensamento vigente e, portanto, das questões ou paradigmas sobre os quais o desenho industrial no Brasil se deteve no período.

É importante destacar que o critério fundamental de seleção e escolha das fontes a serem destacadas e analisadas nesse panorama bibliográfico será a possibilidade de sua contribuição à formação do pensamento no Brasil sobre os possíveis significados atribuídos ao campo do desenho industrial no período ao qual a pesquisa se detém. A importância desta abordagem localiza-se na possibilidade de verificar a imediata relação entre a noção de desenho industrial e sua transição ao que se atribui o termo **design** e os caminhos escolhidos para o desenvolvimento da área no País. Permite-nos ainda refletir, na contemporaneidade, sobre quais conteúdos e paradigmas deverão fundamentar a discussão sobre o campo do design para sua consolidação e contribuição ao contexto brasileiro.

Desenho industrial e design: primeiras notas e considerações

1

1.1 A etimologia do design

A constituição de uma bibliografia crítica do design no Brasil não poderia prescindir de uma circunscrição ao campo de debates sobre a definição da área de conhecimento. Sabe-se que não faltam contribuições sobre o tema e, no entanto, ainda não é possível obter uma definição consensual para a área.

Nesse panorama, grande parte do debate sobre o significado da palavra design no Brasil dedica-se à etimologia do vocábulo. Assim, se não é possível fugir às questões relativas à definição de um campo ainda em construção; é necessário o contato com as principais definições existentes na literatura da disciplina para o reconhecimento de alguns parâmetros sobre os quais a área de conhecimento se debruçou nos últimos anos.

Dessa forma, a partir do reconhecimento da etimologia do vocábulo **design** desenvolver-se-á uma breve leitura de algumas das definições teóricas da disciplina, como tentativa de reconhecimento das principais conceituações da área.

O vocábulo **design** apresenta, segundo Cardoso,[15] sua origem imediata na língua inglesa, no qual já estaria contida uma ambiguidade: a presença de um elemento abstrato, na medida em que o termo se refere à ideia de plano, desígnio e intenção e, portanto, vinculado a conceitos intelectuais; e a outro elemento concreto, relativo à identificação do termo com a ideia de configuração, arranjo ou estrutura. Sua origem mais remota encontra-se no latim, vinculada ao verbo *designare* que se aplica tanto no sentido de designar, quanto no de desenhar.

Segundo Bomfim o termo **design** surgiu no século XVII, na Inglaterra, como tradução do termo italiano *desegno*. Para Cardoso há, ao menos, o consenso de que na maioria das definições presentes na literatura da disciplina, o design atua na junção de dois aspectos, o abstrato e o concreto: "(...) atribuindo forma material a conceitos intelectuais".[16]

15 CARDOSO, Rafael. *Uma introdução à história do design*. São Paulo: Blucher, 2004.

16 CARDOSO, Rafael. op. cit. p. 14.

1.2 A definição do International Council of Societies of Industrial Design (ICSID)

Às constatações sobre o significado da noção de design a partir de uma abordagem etimológica soma-se outro parâmetro largamente utilizado para a conceituação da disciplina: a definição elaborada pelo ICSID, quase canônica entre as pesquisas direcionadas ao tema. No entanto, é pertinente verificar que a larga utilização da conceituação de design elaborada pela instituição, fundada oficialmente em 1957, em Londres, revela contradições e incertezas em relação ao campo. É possível imaginar que a ampla utilização do conceito elaborado pela instituição demonstre o encontro de argumentos claros e definitivos para a compreensão do campo de conhecimento a que hoje atribuímos o nome de design. Entretanto, a procura às conceituações da disciplina elaboradas pela instituição ocorre mais em função da postura adotada pelo ICSID em revisar constantemente as atribuições elaboradas à noção de design.

A única constatação possível e óbvia é justamente o caráter perene, impermanente ou transitório das atribuições elaboradas ao campo do design pela instituição; o que não só revela as incertezas em relação ao campo, mas a possível intangibilidade à determinação de um fundamento decisivo e definitivo ao design sem considerar aspectos de relatividade à noção. A primeira definição elaborada pelo ICSID data do ano de 1959:

> O designer industrial é alguém qualificado por meio de treinamento, conhecimento técnico, experiência e sensibilidade visual para determinar materiais, mecanismos, formas, cores, acabamentos e decorações de objetos produzidos em quantidade por processos industriais. O designer industrial pode, em diferentes momentos, preocupar-se com todos ou somente com algum dos aspectos da produção industrial de objetos.
>
> O designer industrial pode dedicar-se também aos problemas de embalagem, publicidade, exibição e marketing quando a resolução desses problemas requer a valorização visual em adição à experiência e ao conhecimento técnico.
>
> O designer de indústrias ou comércios de base artesanal, em que processos manuais são usados para a produção, é considerado um designer industrial quando os trabalhos produzidos a partir de seus desenhos ou modelos têm uma natureza comercial, são produzidos em lotes ou, de qualquer forma, em quantidade, e não são trabalhos pessoais de um artista.[17]

17 As traduções presentes neste texto foram realizadas pela autora. Segue abaixo texto original:

"An industrial designer is one who is qualified by training, technical knowledge, experience and visual sensibility to determine the materials, mechanisms, shapes, colourr, surfaces finishes and decoration of objects which are reproduced in quantity by industrial processes. The industrial designer may, at different times, be concerned with all or only some of these aspects of an industrially produced object.

The industrial designer may also be concerned with the problems of packaging, advertising, exhibition and marketing when the resolution of such problems requires visual appreciation in addition to technical knowledege and experience.

The designer for craft based industries or trades, where hand processes are used for production, is deemed to be an industrial designer when tehe works wich are produced to his drawings or models are of a commercial nature, are made in batches or otherwise in quantity, and are not personal works of the artist craftsman."

Disponívelem:<http://www.icsid.org/about/articles33.htm?querypage=1>. Acesso em: jan. 2008.

A leitura dos parâmetros determinados pelas afirmações desta primeira definição elaborada em 1959 revela a preocupação em esclarecer quais são as atividades às quais o sujeito **designer** se ocupa profissionalmente. Essa preocupação é justificada se observarmos as premissas da instituição em sua fundação, nas quais se objetivava garantias e proteção à prática profissional. No entanto, não há grandes preocupações direcionadas à formação de um campo de conhecimento; procura-se esclarecer o que o sujeito ao qual se atribui o nome de **designer** faz dentro da produção de objetos industriais ou artesanais e, principalmente seriados.

Nesse último aspecto, a reiteração da necessidade da seriação, não só pretende estabelecer a clara distinção entre o design e a arte; mas fornece indícios de um importante debate presente nas discussões sobre a disciplina durante a década de 1950: o privilégio às delimitações de campo frente à arte e ao artesanato, estão presentes nas discussões teóricas e publicações. É possível localizar, nesse mesmo contexto, inúmeros textos de Argan[18] sobre o tema: "Arte, artigianato, industria", de 1949; "Arte e industria", de 1952; "Tecnica ed arte", de 1953, e "Risposta a un'inchiesta sull'artigianato", publicado em 1959 e textos relativos a essa temática também publicados no Brasil.[19]

Se, da primeira definição, é possível extrair indícios de uma possível conciliação com o artesanato, por meio da consideração do artesão, dedicado à produção comercial com alguma escala, no entanto, a revisão elaborada a seguir revê esse aspecto e reitera a distinção entre os fazeres manuais e industriais, ao enfatizar o vínculo da atividade do *designer* à produção industrial e aos meios mecânicos.

Após o transcorrer de quase três anos, em 1961, durante um novo congresso realizado em Veneza, a associação revisa a definição de design e adota um novo texto:

> A função do designer industrial é dar forma aos objetos e serviços que possam contribuir para a eficiência e satisfação da vida humana. A esfera de atividade do designer industrial no presente abrange praticamente todo o tipo de artefato humano, especialmente aqueles de produção em massa e meios mecânicos.[20]

É curioso notar que um dos aspectos mais interessantes dessa definição é o fato de que a afirmação elaborada tem como tema fundamental os atributos do objeto, do artefato, ou seja, da produção à qual o designer se ocupa.

18 ARGAN, Giulio Carlo. *Progetto e oggetto*. Milano: Medusa, 2003.

19 São significativas as contribuições de alguns textos publicados em periódicos brasileiros para o discurso do desenho industrial, nas quais é localizado o debate sobre as relações entre arte, artesanato e indústria no contexto nacional, que posteriormente serão analisados no capítulo relativo à bibliografia da década de 1950.

Artesanato e indústria. *Habitat*, n. 9, 1952. p. 86.

Desenho Industrial Olivetti. *Habitat*, n. 50, 1958. p. 22-25.

Formas. *Habitat*, n. 50, 1958. p. 40-41.

DORFLES, Gillo. As artes industriais na cidade nova. *Arquitetura e Engenharia*, n.55, 1959. p 8.

BARATA, Mário. Artes industriais da Finlândia e arquitetura de exposições. *Módulo* v. 2, n. 13, 1959. p. 22-23.

GONÇALVES, Ritva. Yara. Urban. A exposição da arte decorativa finlandesa. *Módulo* v. 2 (13), 1959. p. 26-29.

20 "The function of na industrial designer is to give such form to objects and services that they render the conduct of human life efficient and satisfying. The sphere of activity of an industrial designer at the present embraces practically every type of human artefact, especially those that are mass produced and mechanically acuated." Disponível em: <http://www.icsid.org/about/articles 33.htm?query_page=1>. Acesso em: jan. 2008.

É clara a mudança em relação à definição anterior: passa-se dos aspectos relativos ao profissional para uma abordagem direcionada ao produto da atividade do designer, que deve garantir ao objeto aspectos de eficiência, satisfação, seriação e utilizar-se de meios mecânicos. Sobre eficiência, é possível compreender de forma implícita a noção radicalmente difundida de funcionalidade; sobre satisfação, entende-se a necessária experiência estética que o produto deve também oferecer ao seu usuário; a seriação reitera o caráter de acesso; sobre os meios mecânicos, há a ênfase aos aspectos da produção industrial, predominantemente mecânica entre os anos 1950 e 1960.

Ambas as definições revelam caminhos também escolhidos por outros autores para o entendimento do design e de seu campo de atuação. Historicamente contextualizados em finais da década de 1950, a maioria dos esclarecimentos sobre o campo buscou estabelecer a distinção entre o campo do design e outras áreas do conhecimento, especialmente, em relação à arte e ao artesanato como forma de afirmação da disciplina.

Entretanto, um dos aspectos da cruzada pela concepção de uma definição ao campo encontrará em teóricos como Bonsiepe e Maldonado, uma obstinada oposição à possível compreensão da atividade do designer como embelezador de produtos industriais: para os autores, naquele momento, tal abordagem poderia produzir nefastas consequências à atividade: o distanciamento do profissional às etapas projetivas e produtivas, e sua atividade compreendida somente como garantia às qualidades formais, limitariam seu papel às etapas finais do processo de concepção. O que levaria a sua dificuldade de inserção no mercado de trabalho e, especialmente, no da produção industrial. Essas preocupações, hoje, foram superadas.

Em 1969, a instituição adotaria uma nova definição ao design, bastante semelhante à proposta de Tomás Maldonado no Congresso do ICSID, realizado oito anos antes, em Veneza:

> O design industrial é uma atividade criativa que consiste em determinar as propriedades formais dos objetos produzidos industrialmente. Por propriedades formais não se entende somente as características exteriores, mas, sobretudo, as relações funcionais e estruturais que fazem com que o objeto tenha uma unidade coerente tanto do ponto de vista do produtor quanto do usuário. Ao design industrial estende-se a adoção de todos os aspectos do ambiente humano condicionados pela produção industrial.[21]

Em relação às definições anteriores há aspectos significativos de inovação na proposta de Maldonado. O autor, antes de

21 "Industrial design is a creative activity whose aims is to determine the formal qualities of objects produced by industry. These formal qualities are not only the external features but are principally those structural and functional relationships which convert a system to a coherent unity both from the point of view of the producer and the user. Industrial design extends to embrace all the aspects of human environment, which are conditioned by industrial production." Disponível em: <http://www.icsid.org/about/articles33htm?querypage=1>. Acesso em: jan. 2008.

tudo, dedica-se, de fato, à compreensão do que seja a noção de design detendo-se a ela como campo de conhecimento. Outro aspecto crucial para o caráter inovador da afirmação de Maldonado é a consideração do ambiente como elemento relativo à atividade.

Vale a pena deter-se na definição proposta por Maldonado. E é o próprio autor quem fornecerá os subsídios para uma melhor compreensão de seu pensamento sobre a disciplina:[22]

> Detenhamo-nos um momento à definição adotada pelo ICSID (International Council of Societies of Industrial Design) e que, em linhas gerais, segue a que apresentou Tomás Maldonado no Congresso do ICSID no ano de 1961, em Veneza. Também nessa definição – igualmente anterior – se admite que a função do desenho industrial consiste em projetar a forma de um produto. Mas há uma diferença fundamental em relação à orientação anteriormente descrita: aqui não se considera o desenho industrial como uma atividade projetual que parte exclusivamente de uma ideia *a priori* sobre o valor estético (ou estético-funcional) da forma, como uma atividade projetual cujas motivações se situam à parte e precedem o processo constitutivo da própria forma.
>
> De acordo com essa definição, projetar a forma significa coordenar, integrar e articular todos aqueles fatores que, de uma maneira ou de outra, participam do processo constitutivo da forma do produto. E, com isso, se alude precisamente tanto aos fatores relativos ao uso, fruição e consumo individual ou social do produto (fatores funcionais, simbólicos ou culturais), como aos que se referem a sua produção (fatores técnico-econômicos, técnico-construtivos, técnico-sistemáticos, técnico-produtivos e técnico-distributivos).

Apesar de sua generalidade, a definição segue sendo válida. Contudo, depois das controvérsias desses últimos anos sobre o papel do desenho industrial na sociedade, temos de acrescentar que ela somente é válida desde que se reconheça que a atividade de coordenar, integrar e articular os diversos fatores está sempre fortemente condicionada pela maneira como se manifestam as forças produtivas e as relações de produção em uma determinada sociedade. Dito de outra maneira, deve se admitir que o desenho industrial, contrariamente ao que haviam imaginado seus precursores, não é uma atividade autônoma. Embora suas opções projetuais possam parecer livres – e, às vezes, não são – sempre estão num contexto de um sistema de prioridades estabelecidas de uma maneira bastante rígida.

22 Ver: MALDONADO, Tomás. *Diseño industrial reconsiderado*. Barcelona: Gustavo Gilli, 1977.

> Em definitivo, é esse sistema de prioridades quem regula o desenho industrial. (...) Assim, a definição de desenho industrial que temos examinado até aqui deveria poder adequar-se aos contextos particulares em que a atividade se desenvolve. Dito de outra maneira, essa definição genérica deveria conter – sem que por isso diminua sua validez global – outras definições auxiliares, capazes de refletir com maior fidelidade a diversidade real (e inclusive, conflitiva) dos ordenamentos socioeconômicos existentes. De acordo com esse enfoque, se poderia definir o desenho industrial em termos distintos, quando se trata, por exemplo, de um ordenamento socioeconômico de tipo capitalista ou de tipo socialista.
>
> Essa exigência por maior flexibilidade – e de maior fungibilidade da definição de desenho industrial, deriva da certeza de que em todo ordenamento socioeconômico existe – ou deveria existir – uma maneira peculiar de enfrentar o problema da forma da mercadoria.[23]

Por meio de seu texto, Maldonado questiona os postulados sobre os quais o design havia se apoiado até aquele momento. Ele procura eliminar uma compreensão da disciplina amplamente difundida, na qual havia um predomínio do enfoque ao desenho de produto e cujas matrizes estão relacionadas ao modernismo, sobretudo na arquitetura.

Outra consideração do autor, parte do pressuposto de que não são os condicionamentos estilísticos definidos de forma autônoma e *a priori* que condicionariam a atividade do design. Maldonado condiciona as atividades da disciplina ao ambiente, pretendendo desenvolver uma noção capaz de se adequar a contextos particulares ou locais em que a atividade se desenvolvia.

Na década de 1970, o ICSID, por meio de seus seminários – nos quais passou a promover a reunião de profissionais das mais diversas nações para o estudo e compreensão de problemas tanto de âmbito regional como internacional, com o objetivo de ampliar o conceito de produto orientado pelo design – identificou a necessidade de abordagens mais amplas da disciplina em relação ao seu papel para o desenvolvimento das sociedades.

Ao aproximarmos o discurso do design às diversas sociedades do globo, é possível verificar que a transição para um processo de produção industrial não ocorreu de forma uniforme e nem em um mesmo momento para cada uma das nações. Portanto, uma definição rígida, orientada por aspectos racionais e vinculada às características de um contexto específico de desenvolvimento, particularmente o contexto da Europa ocidental, mostrou-se insustentável e deficitária na medida

23 MALDONADO, Tomás. *Diseño industrial reconsiderado*. Barcelona: Gustavo Gilli, 1977. p. 11-19.

em que não se mostrava capaz de abranger aspectos relativos à produção de artefatos, ou à cultura material, de contextos geográficos ampliados.

Hoje, para o ICSID a conceituação de *design* apresentada pela instituição, mais do que procurar estabelecer parâmetros definitivos à área, contextualiza em seu texto algumas das principais temáticas presentes no debate contemporâneo da disciplina, algumas delas: as novas tecnologias e seus impactos socioculturais e ambientais.

> Design é uma atividade criativa na qual o objetivo é estabelecer as qualidades multifacetadas dos objetos, processos, serviços, compreendendo todo o seu ciclo de vida. Portanto, design é um fator central de inventiva humanização das tecnologias e fator crucial de mudanças culturais e econômicas.[24]

De acordo com a instituição, a atual tarefa do design é descobrir e estabelecer relações estruturais, organizacionais, funcionais, expressivas e econômicas comprometidas com o aumento da sustentabilidade global e da proteção ambiental; com a oferta de benefícios e liberdade para toda comunidade humana individual e coletiva; com os usuários finais, produtores e protagonistas do mercado; com o apoio à diversidade cultural, a despeito do processo de globalização; e com a oferta de produtos, serviços e sistemas, cujas formas contenham significado (semiótica) e coerência (estética) em acordo com sua própria complexidade.

O design relaciona produtos, serviços e sistemas concebidos por meio de recursos, organizações e da lógica introduzida pelo processo industrial – não somente quando produzido num processo seriado. O adjetivo **industrial** relaciona o design ao termo indústria ou a setor de produção ou, ainda, ao antigo significado de **atividade industrial.** Dessa forma, o design é uma atividade que envolve um amplo espectro de profissões nas quais fazem parte produtos, serviços, gráficos, interiores e arquitetura. Portanto, essas atividades devem promover a melhoria dos padrões de vida, em conjunto com outras profissões relacionadas.[25]

A definição elaborada pelo ICSID, ao compreender o design como fenômeno capaz de moldar o ambiente humano, graças às complexas relações entre a produção e os aspectos tecnológicos, econômicos, sociais, políticos e psicológicos; enfatiza o caráter interdisciplinar da área e, ainda, o caráter transitório das suas preocupações, dado o fato de que seu significado também é coincidente com preocupações determinadas por um espaço e tempo específico, o que confere uma natureza

24 "Design is a creative activity whose aim is to establish the multi-faceted qualities of objects, processes, services and their systems in whole life cycles. Therefore, design is the central factor of innovative humanisation of technologies and the crucial factor of cultural and economic exchange." Disponível em: <http://www.icsid.org/about/articles31.htm?query_page=1>. Acesso em: jan. 2008.

25 Disponível em: <http://www.icsid.org/about/articles31.htm?query_page=1>. Acesso em: jan. 2008.

complexa e inconclusa à noção de design. O que Maldonado definiu por maior flexibilidade e fungibilidade à definição.

Ao retomarmos a contribuição de Maldonado, ao afirmar o aspecto fundamental do design industrial como "(...) a mediação dialética entre necessidades e objetos, entre produção e consumo",[26] definitivamente, percebe-se que essa dialética ocorre de formas diferentes em contextos geográficos e temporais distintos. Constata-se que, a partir das noções analisadas, o desenvolvimento do design não apresenta uma estrutura linear ou cíclica e menos ainda, definitiva ou estática; mas predominantemente relativa. Portanto, é possível afirmar que esse desenvolvimento é semelhante à imagem espacial de uma espiral: na medida em que o discurso sobre a noção de design deverá ser examinado em cada contexto de espaço e tempo; detendo-se menos em um caráter definitivo ou conclusivo, o que determinará tarefas distintas à disciplina em situações diversificadas, se considerada a complexidade de fatores que atuam na relação do homem com seus objetos.

A construção do campo de conhecimento no qual prevalecem caracteres de complexidade e relatividade tem consequências imediatas para o desenvolvimento deste texto, cuja premissa será verificar o que se compreende por desenho industrial e por design em cada um dos contextos temporais no Brasil.

1.3 Os paradigmas econômicos e a construção de um conceito

Um aspecto bastante valioso à compreensão dos conceitos implícitos na transição da noção de **desenho industrial** para a noção de design é uma breve análise da economia, sobretudo de seus aspectos dinâmicos, selecionados dentro do recorte temporal coincidente com o surgimento e com a vigência de usos dos termos **desenho industrial** e **design**.

Orientando-se pelas dinâmicas econômicas nacionais e internacionais, durante as décadas de 1950, 1960 e 1970, a institucionalização do desenho industrial no Brasil e o início do emprego do termo **design** são coincidentes com as perspectivas de um desenvolvimento orientado pelos processos de industrialização.

Um rápido olhar sobre recentes estudos elaborados por institutos de pesquisa em economia fornece-nos algumas informações importantes para a compreensão dos processos de produção no passado recente e na contemporaneidade e permite ainda o estabelecimento de relações que contribuem para uma maior amplitude aos estudos de design.

26 MALDONADO, Tomás. *Diseño industrial reconsiderado*. Barcelona: Gustavo Gilli, 1977. p. 13.

Segundo Mantega,[27] recentemente, há uma curiosa retomada e revisão das teorias econômicas que influenciaram os altos índices de crescimento alcançados após a Segunda Guerra Mundial, dada a ineficiência do pensamento neoliberal, tal retomada intenta superar as limitações dos modelos antigos e dar conta das questões atuais do capitalismo contemporâneo.

Para o design, é pertinente compreender sobre quais teorias e modelos fundamentaram-se os processos de industrialização nos países em desenvolvimento durante as décadas de 1950 e 1960. É significativo o contato com aspectos históricos relativos à economia para a compreensão da transição do conceito de desenho industrial ao design, por meio da análise da produção e circulação de mercadorias.

Para o autor, a partir de uma perspectiva ideológica foram significativas as influências, no Brasil, da Teoria do Desenvolvimento Equilibrado e da Cepal.

Sobre a primeira, vale ressaltar que ela surge a partir de um conjunto de pensadores, na sua maioria, economistas europeus e norte-americanos reunidos pela Comissão Econômica Europeia da ONU no período pós-guerra, que desenvolvem conceitos importantes a partir de preocupações com os problemas de crescimento nos países atrasados durante os anos 1950.

De acordo com Mantega, dois teóricos tiveram grande influência no Brasil, Paul Rosenstein-Rodan e Ragnar Nurske.

Para efeito deste ensaio, é pertinente destacar que a Teoria foi elaborada para dar conta da transição de um capitalismo comercial para a acumulação industrial e financeira, que se concretizou, pelo menos no Brasil e numa série de países da América Latina.[28] A título de síntese, tratava-se da convicção de um crescimento econômico sustentado pela transição de modelos econômicos predominantemente agrários presentes em países em desenvolvimento, para um crescimento sustentado pelo aumento de produtividade viabilizado pelos processos de industrialização.

Assim, a ênfase ao papel da produção industrial durante as décadas de 1950, 1960 e 1970 como fator principal de desenvolvimento imprime características bastante particulares à noção de desenho industrial. Como desenvolvido anteriormente por meio da análise das definições propostas para a disciplina pelo ICSID, as duas primeiras considerações respondem a aspectos relativos ao papel do profissional e às características do produto relativo à atividade do designer. Se ampliarmos a abordagem, a noção de desenho industrial, correspondente a cada época, tenta dar conta de aspectos relativos à produção de

27 MANTEGA, Guido. Modelos de crescimento e a teoria do desenvolvimento econômico. In: *Relatório de Pesquisas n. 3*. São Paulo: Eaesp/FGV/NPP/Núcleo de Pesquisas e Publicações, 1998.

28 Idem.

artefatos dentro da transição do capitalismo comercial para a acumulação industrial e financeira relativa ao período.

No processo industrial, a produção define-se a partir da concepção de um artefato a ser executado pelas máquinas e, num primeiro momento, objetivou-se definir o campo de atividades do profissional que deverá atuar na concepção do produto: o designer. O desconhecimento das técnicas de produção industrial e a complexidade do processo parecem, inicialmente, determinar à função aspectos relativos somente à atribuição de qualidades estéticas ao produto industrial.

Posteriormente, reitera-se ao produto a necessidade de eficiência e satisfação ao usuário, o que definiria mais um passo para a construção das atividades relativas ao campo do desenho industrial. Dentro das dinâmicas do campo da produção de artefatos, o conceito de desenho industrial relativo à década de 1950 apresenta um conteúdo fortemente relacionado à determinação ou garantia de um campo de atividades para o profissional, o designer.

Entretanto, a noção de desenho industrial, durante o decorrer dos anos, mostrou-se incapaz de relacionar aspectos significativos da produção atual de artefatos. A noção de desenho industrial dirigiu-se predominantemente à construção do campo de atividades do designer e de aspectos do projeto de produto dentro de um ambiente industrial definido por aspectos tecnológicos e mecânicos, pertinentes aos modelos encontrados em países desenvolvidos.

A ampliação do olhar sobre economias periféricas e sobre outras lógicas de produção de artefatos, a partir da globalização dos processos econômicos e da ascensão do mercado financeiro em detrimento da produção industrial, passou a estabelecer novos paradigmas para o processo de concepção dos artefatos. Novos conceitos intelectuais passam a determinar a criação de formas materiais e, para dar conta das características contemporâneas das relações entre o homem, os artefatos e o ambiente; surge o conceito de **design** como tentativa de evidenciar a complexidade da situação atual.

Alguns processos históricos são significativos para a compreensão do design: o sistema industrialista, para sua consolidação, esforçou-se em construir redes: a concentração espacial como otimização dos recursos fornecidos pelas redes de energia, transportes etc.; que, em muito, contribuiu para os processos de urbanização e consolidação das cidades e metrópoles. A passagem da era mecânica, para a automação, e, por conseguinte, a era digital, estabeleceu novas redes virtuais que permitiram a integração dos mercados globais do dinheiro, das finanças, da informação e da tecnologia.

Na perspectiva atual das relações econômicas dentro do capitalismo, a política industrial, que durante as décadas de 1950 e 1960, assumia um papel macroeconômico, passa, na contemporaneidade, a um caráter microeconômico e constitui parte de um sistema complexo do desenvolvimento econômico sustentável aberto à competitividade global. A política industrial passa a ser um aspecto secundário em relação às metas de estabilização macroeconômicas. Segundo Campanário e Silva,[29] durante o processo de importações, o modelo de desenvolvimento confundia-se com a política industrial protecionista. Com a abertura econômica, a política de desenvolvimento, calcada na inserção internacional do setor industrial, tornou-se refém das estratégias de estabilização. No entanto, como aspectos da dinâmica do capitalismo na contemporaneidade relacionam-se com a noção de design?

A noção de desenho industrial está condicionada, entre outros fatores, ao modelo no qual a produção industrial assumia um caráter macroeconômico. Na passagem do modelo industrial para o modelo de acumulação financeira (no qual houve grande ênfase ao setor de serviços, somada aos aspectos atuais da tecnologia digital) a construção da noção de design passa a tentar dar conta de novos paradigmas que se impõem à criação de objetos, sobretudo, à construção de significados.

A aquisição de um artefato, na contemporaneidade, não se dá somente por aspectos relativos à função, à qualidade do objeto, mas está fortemente condicionada à construção de conteúdos imateriais. O design passa a ser o planejamento ou a moldagem do ambiente, compreendido como uma forma de organizar a experiência do indivíduo, constituindo assim um ambiente artificial. A noção de design estabelece um processo de construção de uma segunda natureza: a experiência proporcionada e permitida por meio da aquisição relaciona conteúdos intangíveis.

A contribuição de Maldonado é, ainda hoje, talvez a mais significativa, na medida em que, muito mais do que tentar reparar equívocos interpretativos que relacionavam a atividade do design somente à atribuição de conteúdos estéticos foi além ao relacionar "o design à adoção de todos os aspectos do ambiente humano".[30] O teórico argentino antecipa a necessidade de um caráter flexível da disciplina às circunstâncias do ambiente.

29 CAMPANÁRIO, Milton de Abreu; SILVA, Marcelo Muniz da. *Fundamentos de uma nova política industrial*. São Paulo: Valor Econômico, 2004.

30 Definição elaborada por Tomás Maldonado, em 1961, e adotada pelo ICSID, em 1969.

Se o design, na contemporaneidade, assume o papel de planejamento de um ambiente ou como processo de construção de experiências, o design como atividade não se reduz a aspectos somente relacionados ao produto, mas envolve uma série de profissões, entre elas a arquitetura.[31] É significativo verificar que, o curso de arquitetura da Universidade de Harvard, é um dos programas da School of Design, juntamente com urbanismo e outras disciplinas relativas à construção espacial.

Logo, se nos anos 1950 a noção de **desenho industrial** dirigia-se somente ao projeto do objeto para indústria como extensão do discurso da arquitetura, tornando-o um campo secundário em relação à arquitetura, hoje, o conceito de **design** amplia-se como resposta a aspectos relativos às relações contemporâneas do homem e sua experiência e passa a abrigar a arquitetura como uma das atividades que também respondem às expectativas de planejamento do ambiente a partir de concepções para o espaço.

Se os atuais caracteres estabelecidos pelo capitalismo contemporâneo parecem reforçar a dependência das sociedades em desenvolvimento às economias mais desenvolvidas, a compreensão de design como planejamento do ambiente também aponta para a possibilidade de construção de uma experiência condicionada aos interesses específicos de uma nação. A reflexão, portanto, direcionar-se-ia à verificação das opções escolhidas pelas atividades relacionadas ao design e, em que medida, elas têm proporcionado experiências favoráveis ao homem, conduzindo-o a melhoras significativas de suas condições existenciais.

31 Ver a atual conceituação da noção de design definida pelo ICSID.

Anos 1950:
a situação internacional

2

O contexto da Segunda Guerra Mundial, ainda que trágico, favoreceu de forma significativa o desenvolvimento do desenho industrial no âmbito mundial, sobretudo por meio de importantes avanços tecnológicos e produtivos.

Os Estados Unidos alcançaram um crescimento considerável de seu parque industrial, como principais fornecedores de quase todos os tipos de equipamentos e insumos, consumidos em boa parte do mundo durante o período mais crítico da guerra: além de gozar da hegemonia temporária em diversos segmentos da indústria, o esforço bélico resultou em notáveis investimentos na produção de equipamentos militares por parte de grandes empresas norte-americanas.[32]

Outros países americanos, entre eles Brasil e Argentina, também se beneficiaram da economia de guerra graças ao aumento do volume das exportações de insumos agrícolas. A Europa, em crise, sem possibilidades de exportar e incapaz de suprir a sua própria demanda de produtos manufaturados, favorece o crescimento da indústria de uma série de países periféricos, que se veem diante da necessidade de substituir os artigos normalmente importados. No Brasil, essa situação, aliada a uma política nacionalista e desenvolvimentista promovida por Getúlio Vargas, concorreu de forma significativa para a formação do parque industrial brasileiro.

> A política econômico-financeira do Estado Novo representou uma mudança de orientação relativamente aos anos 1930-1937. Nesse primeiro período não houve uma linha clara de incentivo ao setor industrial. O governo equilibrou-se entre os diferentes interesses, inclusive agrários, sendo também bastante sensível às pressões externas. A partir de novembro de 1937, o Estado embarcou com maior decisão em uma política de substituir importações pela produção interna e de estabelecer uma indústria de base. Os defensores dessa perspectiva ganharam força, tanto pelos problemas críticos do balanço de pagamentos, que vinham desde 1930, quanto pelos riscos crescentes de uma guerra mundial; a guerra imporia, como impôs, grandes restrições às importações.[33]

32 Segundo Cardoso, estão entre elas: Boeing, General Eletric, General Dynamics, General Motors, IBM, IT&T, Lockheed, McDonnell-Douglas. In: CARDOSO, Rafael. *Uma introdução à história do design*. São Paulo: Blucher, 2004. p. 144.

33 FAUSTO, Boris. *História concisa do Brasil*. São Paulo: Edusp, 2006. p. 203.

Em 1941 é anunciada a criação da Companhia Siderúrgica Nacional (CSN) para a produção de aço; em 1942 é criada a Companhia Vale do Rio Doce para a exploração das riquezas minerais do País, sobretudo o minério de ferro e, no segundo mandato de Getúlio Vargas, são criados, em 1952, o Banco Nacional de Desenvolvimento Econômico (BNDE) e em 1953, a Petrobras.

Com o final da Segunda Guerra Mundial, era necessário redirecionar a produção industrial. Muitas indústrias norte-americanas haviam elevado a sua capacidade produtiva em níveis muito superiores às demandas usuais. Algumas soluções foram adotadas para evitar a desaceleração da produção e o desemprego generalizado; entre elas, a reconstrução europeia. Por meio do Plano Marshall foram criadas as condições políticas e financeiras para o auxílio norte-americano aos países arrasados pela guerra. Outra solução estava na manutenção da produção de um alto volume de armamento militar e incentivo ao consumo dos países aliados (solução posteriormente favorecida pelo contexto da Guerra Fria). E a última estava em conferir um novo direcionamento à capacidade produtiva por meio da transformação de linhas industriais de artefatos militares em linhas industriais voltadas para a produção de bens de consumo. Porém, o único entrave à última solução adotada era a dúvida sobre a existência de demanda para absorver o grande volume de bens de consumo que passariam a ser produzidos.

No final da década de 1940, o mercado norte-americano já apresentava sinais de saturação e para a manutenção de padrões elevados de consumo era necessário estimular a constante troca de produtos por novos. Além disso, era necessário garantir o poder de compra aos consumidores, concedendo a eles amplos créditos. Não é menos significativa a introdução do cartão de crédito em 1950.

O estabelecimento do crédito como instrumento de crescimento econômico impõe uma transformação nos padrões de consumo da sociedade norte-americana. Abandona-se um estágio de consumo simples, semelhante aos padrões de consumo de diversas nações nos séculos XIX e XX, para um estágio de consumo irrestrito sem precedentes, caracterizado, sobretudo, pela abundância e pelo desperdício como condições fundamentais para a manutenção da economia produtiva.

Com o acirramento da Guerra Fria, em 1950, o modelo de consumo ilimitado supera fronteiras e passa a ditar políticas nacionais em escala global.

2.1 O pós-guerra e a experiência democrática no Brasil

Em janeiro de 1951 Getúlio Vargas assumia novamente a presidência do Brasil pelas eleições realizadas em outubro de 1950. Vargas tenta desempenhar, na condição democrática, o papel de árbitro diante de diferentes forças sociais e políticas, entre nacionalistas e seus adversários.

> Os nacionalistas defendiam o desenvolvimento baseado na industrialização, enfatizando a necessidade de se criar um sistema econômico autônomo, independente do sistema capitalista internacional. Isto significava dar ao Estado um papel importante como regulador da economia e como investidor de áreas estratégicas – petróleo, siderurgia, transportes, comunicações. (...) Os adversários dos nacionalistas defendiam uma menor intervenção do Estado na economia, não davam tanta prioridade à industrialização e sustentavam que o progresso do País dependia de uma abertura controlada ao capital estrangeiro.[34]

O governo de Getúlio, além de promover várias medidas para incentivar o desenvolvimento econômico, com ênfase à industrialização – seja por meio de investimentos em sistemas de transporte e energia, do sistema portuário e da criação em 1952 do BNDE, para aceleração e diversificação do desenvolvimento industrial – estabeleceu o câmbio flexível em 1953, de acordo com bens importados ou exportados, com o objetivo de capacitar a competição de mercadorias exportadas e favorecer a importação de bens considerados necessários para o desenvolvimento do País.

No mesmo ano, introduziu o confisco cambial, ao fixar um valor mais baixo ao dólar, recebido pelos exportadores de café; deslocando as divisas arrecadadas pela exportação de café para outros setores e, particularmente, para a indústria.

Na política internacional, a partir de 1953, a política americana em relação aos países do Terceiro Mundo ganha nova diretriz.

> (...) Além de converter o anticomunismo em uma verdadeira cruzada, o governo dos Estados Unidos adotou uma postura rígida diante dos problemas financeiros dos países em desenvolvimento. A linha dominante consistiria em abandonar a assistência estatal e dar preferência aos investimentos privados. As possibilidades de o Brasil obter créditos públicos para obras de infraestrutura e para cobrir déficits de pagamentos encolheram sensivelmente.[35]

Politicamente, o País apresenta dois discursos: o nacionalismo e o liberalismo econômico, desejado pelas classes

34 FAUSTO, Boris. *História concisa do Brasil*. São Paulo: Edusp, 2006. p. 225.

35 FAUSTO, Boris. *História Concisa do Brasil*. São Paulo: Edusp, 2006. p. 227.

mais conservadoras, nas quais predominava a defesa de menor intervenção estatal para a regulamentação da economia e alinhamento à economia norte-americana.

O início da década de 1940 é marcado por inicial liberalismo que fracassa como tentativa de equilíbrio econômico e abre espaço para posturas nacionalistas, onde o setor industrial passa a ser privilegiado. É somente durante o governo Vargas que são elaboradas as estratégias de caráter eminentemente nacionalista por meio das tentativas de conciliação com ambos os discursos antagônicos com objetivos de desenvolvimento autônomo do País.

Entretanto, a política de Vargas ganha relevantes limites, uma vez que no contexto internacional, a disputa de forças entre URSS e Estados Unidos, resulta na Guerra Fria e as consequências do embate por hegemonia entre as duas nações resultam num recrudescimento econômico graças a uma série de medidas impostas aos países em desenvolvimento: enfatizando a necessidade de menor intervenção estatal nas economias e, sobretudo, a abertura aos capitais internacionais como moeda de troca para financiamentos em infraestrutura.

O início da experiência democrática no País, em 1945, favorece o processo de industrialização, que indiretamente passa a se beneficiar das medidas político-econômicas voltadas para o equilíbrio da balança de pagamentos. Cada vez mais recursos, antes destinados à produção cafeeira, são empregados na consolidação de um setor industrial voltado para o mercado interno e capaz de diminuir a dependência do País à importação. Vargas tornava-se cada vez mais impopular entre os grupos mais conservadores, adotando medidas contrárias aos interesses sociais desses grupos.

Todas essas medidas causam enormes protestos das alas conservadoras e somadas à tentativa malsucedida de assassinato de Carlos Lacerda por Gregório Fortunato, chefe da guarda presidencial, conduzem o governo de Vargas a encerrar-se com o dramático suicídio do presidente.

Em 1956, Juscelino Kubitschek, hábil conciliador, assume o poder e instaura um governo conhecido pela sua estabilidade política e pelo crescimento econômico.

> O governo JK promoveu uma ampla atividade do Estado tanto no setor de infraestrutura como no incentivo direto à industrialização. Mas assumiu também abertamente a necessidade de atrair capitais estrangeiros, concedendo-lhes inclusive grandes facilidades.[36]

36 FAUSTO, Boris. *História concisa do Brasil*. São Paulo: Edusp, 2006. p. 236.

O período desenvolvimentista de Juscelino Kubitschek, ainda que considerado um período de prosperidade para o País, não foi o resultado ou o sucesso das alas mais nacionalistas. Foi particularmente conduzido dentro das perspectivas impostas pelo contexto internacional: a ampla inserção do capital estrangeiro para a consolidação do desenvolvimento nacional por meio da política de incentivos à industrialização.

No entanto, o desenvolvimento proporcionado pela consolidação de um parque industrial – em que as maiores protagonistas foram as multinacionais que aqui instalaram suas linhas de produção já obsoletas em seus países de origem – dirigiu-se muito mais à formação de uma classe média inserida no processo de industrialização tanto do ponto de vista das oportunidades, como também do acesso aos produtos que passam a ser produzidos no País. Intentava-se no Brasil a formação de uma classe social capaz de consumir à semelhança dos padrões de consumo norte-americanos.

À margem do processo de desenvolvimento estava a maioria da população brasileira, predominantemente agrária. A decisão de concentrar os investimentos no sudeste, ainda que favorecesse o melhor aproveitamento da infraestrutura instalada, também suscitou a concentração de grandes fluxos migratórios que contribuíram para o adensamento urbano, sobretudo de São Paulo. A cidade sem a infraestrutura necessária para atender os grandes contingentes populacionais que aqui chegavam, consolidou a formação de periferias e favelas, áreas de sobrevivência que revelam a fragmentação e os contrastes do tecido urbano. Às consequências espaciais, soma-se a problemática de uma população colocada frente a novos hábitos e aspectos culturais contrastantes com a experiência de seus antepassados e, portanto, o drama da perda de valores e identidade e a dificuldade de inserção em uma nova realidade urbana e operária.

Não se trata da discussão sobre os benefícios do crescimento proporcionado pelo desenvolvimentismo, mas o questionamento dos aspectos sociais impostos pelo processo, discussão que ganhará maior relevo no Brasil durante a década de 1970, num momento em que a repressão do regime militar abranda-se diante do início da crise econômica dos anos 1980.

Os contextos sociais, políticos e econômicos são aspectos profundamente significativos para o desenho industrial no País. Não é coincidência que a ênfase à industrialização favorecesse a consolidação do campo no Brasil. O privilégio atribuído à atividade industrial como fator prioritário ao desenvolvimento do País e a inserção de estruturas internacionais de produção (as multinacionais) suscitam debates em torno da atividade criativa aqui identificada como desenho industrial.

Não é somente o Brasil que se industrializa a partir do pós-Segunda Guerra Mundial, mas também diversas nações são estimuladas ao desenvolvimento industrial como forma de ampliação dos mercados de consumo e inserção nas relações de comércio internacional.

2.2 O abstracionismo no contexto internacional

O contexto mundial da década de 1950 apresenta fatos históricos de significativa relevância. O pós-guerra é marcado pela consequente polarização do mundo e a Guerra Fria e marca o fim da hegemonia europeia na condução do processo cultural ocidental. Os Estados Unidos passam não somente a exercer a hegemonia político-econômica como também uma hegemonia cultural sobre a Europa ocidental. A União Soviética exercerá semelhante papel sobre a Europa Oriental. O contexto de polarização, conduzido pelos dois países, faz com que o governo norte-americano promova uma ofensiva diplomática internacional que levasse os Estados Unidos ao papel, antes europeu, de condutores do processo cultural ocidental, em contraposição à União Soviética e como medida de combate ao avanço do comunismo.

Graças ao Museu de Arte Moderna de Nova York (MOMA) e a uma série de iniciativas internacionais intensifica-se a promoção do expressionismo abstrato como continuidade do modernismo, especialmente por meio das obras integrantes da escola de Nova York. Dessa forma, o abstracionismo é difundido e consagrado internacionalmente por meio da concessão de recursos públicos para a promoção de turnês internacionais e financiamentos norte-americanos destinados ao patrocínio de inúmeras instituições, em todo o mundo, voltadas à valorização da abstração como herdeira das vanguardas modernas. Entre elas estão, no Brasil, o Museu de Arte Moderna do Rio de Janeiro, criado em 1947, o Museu de Arte Moderna de São Paulo, fundado em 1948 e a Bienal de São Paulo, criada em 1951.[37]

Dessa forma, os Estados Unidos apropriam-se do projeto moderno e, por conseguinte, das propostas elaboradas pelas vanguardas europeias, dentro de uma perspectiva de modernização nem tanto cultural, mas sobretudo vinculada aos interesses desenvolvimentistas da nação. Qual seria a relevância desse discurso para o desenho industrial no continente americano nos anos 1950?

37 As contribuições históricas citadas em texto foram proferidas em palestra – Abstração e Política Hegemônica dos Estados Unidos – de Felipe Chaimovitch, durante a disciplina de pós-graduação do Curso Interunidades em Estética e História, em 03 de novembro de 2005 no Museu de Arte Contemporânea (MAC) localizado na Universidade de São Paulo.

38 A primeira edição de *Pioneers of modern design form William Morris to Walter Gropius* é publicada em 1936. PEVSNER, Nikolaus. *Pioneiros do desenho moderno*: de William Morris a Walter Gropius. São Paulo: Martins Fontes, 1980.

39 GIEDION, Siegfried. *Mechanization takes command*: a contribution to anonimous history. New York: Oxford University Press, 1948.

40 Ricardo Marques de Azevedo, em *Metrópole e abstração*, esclarece os pressupostos construtivistas: "O programa construtivo – que se apregoa esclarecido e anatemiza o mito – venera, contudo, seus ídolos: o plano, o cálculo, a técnica, o design e a *civilisation machiniste*. (...) A forma há de resultar natural e necessariamente ao cabo deste procedimento minudente e, uma vez alcançada, prejudica as demais possibilidades. Portanto, a forma standard, o padrão, o objeto-tipo, é consequência ineludível de um processo de seleção mecânica, imaginada segundo o modelo da seleção natural darwiniana, pela qual somente as espécies mais aptas garantem sua sobrevivência e perpetuação. Ao contrário desta, contudo, a mecânica não decorre da aleatoriedade das circunstâncias (mutações), mas é produto finalístico do ajuste preciso entre os meios empregados e os objetivos pretendidos. É suposta, nesta operação, a abstração do singular e

Dos anos 1930 aos 1950, grande parte do corpo docente oriundo da **Bauhaus** é acolhido pelas instituições de ensino norte-americanas. Dentro do contexto anteriormente descrito, de promoção de uma estética moderna e abstrata como estratégia de uma ofensiva diplomática cultural e econômica, a herança **bauhausiana** foi limitada às contribuições estético-projetivas – o **Estilo Internacional** foi difundido e comercializado ainda que contraditório às premissas defendidas por Walter Gropius na fundação da escola na Alemanha, em 1919.

2.3 O abstracionismo no Brasil

A historiografia do desenho industrial nasce há aproximadamente meio século, sendo contemporânea às décadas de 1940 e 1950, e não surge como resultado somente de uma pesquisa erudita, mas aliada a motivações não somente culturais, mas morais e políticas. Pevsner[38] e Gideon,[39] pioneiros nessa abordagem, foram os mesmos autores que inauguram a historiografia sobre o desenho industrial. Ainda que estes utilizassem métodos distintos de aproximação ao problema, os valores e pontos de referência são comuns: os pressupostos da modernidade. A estreita relação entre arquitetura e design estabelecida por meio das obras de ambos os autores resulta em consequências relevantes à historiografia da área. Esse vínculo revela que a noção de *industrial design*, aqui compreendida por desenho industrial, esteve desde então condicionada pelos ideais do movimento moderno.

Por conseguinte, nesse período e não somente no Brasil, a construção do significado da disciplina passa pela compreensão do moderno e seus paradigmas racionalistas filiados às vanguardas artísticas históricas, sobretudo as vanguardas construtivistas.[40]

Os ecos da abstração geométrica já eram sentidos no Brasil desde o início dos anos 1920 e a Semana de Arte Moderna de fevereiro de 1922 abrira espaço para um grupo já reunido sob a égide de atualização da expressão plástica e literária, segundo os princípios da modernidade.

Em relação à Semana de 22, o III Salão de Maio propõe o distanciamento às preocupações sociais e regionais presentes na proposta antropofágica em direção à pesquisa de uma visualidade purista vinculada às vanguardas soviéticas e holandesas, ou seja, ao discurso internacional.[41]

O contexto dos anos seguintes, o pós-guerra, e em particular os últimos anos da década de 1940 são marcados por acontecimentos que resultaram em importantes desdobramentos no futuro.

do específico. O usuário deste produto, ilimitadamente reprodutível é um ideado usuário-tipo e, aduz, Le Corbusier, o homem de série, denotando assim, que não se trata apenas de industrializar os objetos ou componentes, mas de, correlatamente, fabricar sujeitos – como as coisas, despojados de aura –, em uma ortopedia da alma, pela qual esta se conforma aos parâmetros do gênero: conceber o homem fora de toda a particularidade e alheio à diversidade é hipostasiar um número humano". (In: AZEVEDO, Ricardo Marques de. *Metrópole*: abstração. São Paulo: Perspectiva, 2006. p. 39-40.

41 Alguns trechos do texto de Flávio de Carvalho para o Manifesto do III Salão de Maio, em 1939, são significativos: Sobre a arte abstrata, diz ele: "(...) safando-se do inconsciente ancestral, libertando-se do narcisismo da representação figurada, da sujeira e selvageria do homem, introduz no mundo plástico um aspecto higiênico: a linha livre e a cor pura, quantidades pertencentes ao mundo do raciocínio puro, a um mundo não subjetivo que tende ao neutro (...)". Ele cita, ainda, Mondrian: "(...) o tempo é um processo de intensificação, uma evolução para o universal, do subjetivo para o objetivo (...)". Extraído de: AMARAL, Aracy. Surgimento da abstração geométrica no Brasil. In: AMARAL, Aracy (Org.). *Arte construtiva no Brasil*. São Paulo: Companhia Melhoramentos; São Paulo: DBA Artes Gráficas, 1998. Coleção Adolpho Leirner. p. 49-50.

Talvez os mais significativos sejam a fundação do Masp, em 1947 e, em 1951, a fundação do Instituto de Arte Contemporânea, o IAC, no mesmo museu. Inaugurado em 2 de outubro de 1947 por Assis Chateaubriand, fundador e proprietário dos Diários e Emissoras Associadas e pelo professor Pietro Maria Bardi, jornalista e crítico de arte na Itália, recém-chegado ao Brasil, o museu em suas primeiras décadas inaugura uma intensa dinâmica cultural em São Paulo.

Em 1948, os debates promovidos pelo Masp resultam em significativas discussões sobre figuração e abstração. Amaral cita ainda os depoimentos de Jorge Romero Brest, crítico e historiador da arte, e Leon Dégang, primeiro diretor do MAM-SP, o primeiro feito no Museu de Arte de São Paulo e o segundo, na Biblioteca Municipal, como importantes contribuições ao tema do Abstracionismo.

Desde 1948, seja pela emergência da tendência ou pela influência dos debates, muitos artistas já faziam experiências abstrato-geométricas. Waldemar Cordeiro, Luís Sacilotto, Antônio Maluf, Mary Viera, Weissmann, Samson Flexor, Almir Mavignier, Serpa e Palatnik estão entre eles. Nesse período, também se afirma a produção crítica de Mário Pedrosa, crítico aberto que acompanhará e estimulará as inovações estéticas nos anos seguintes, sobretudo após a antológica exposição de Max Bill[42] no Masp em 1950. "A presença de Max Bill no Brasil, sobretudo após sua participação na I Bienal de São Paulo em 1951, onde recebe o primeiro prêmio por sua escultura Unidade Tripartida, alteraria vocações e impulsionaria a ida de jovens artistas para a Alemanha, entre eles Mary Vieira, Almir Mavignier e Alexandre Wollner."[43]

Alexandre Wollner, à época, aluno do Instituto de Arte Contemporânea do Masp relata a sua experiência ao participar da montagem da exposição individual de Max Bill no museu: "(...) Na montagem comecei a perceber que o desenho tinha funções que não estavam claras para mim, que podia adaptar-se para criar produtos, formas novas. Fiquei paralisado. Foi um choque. Nesse momento, saí da idade das trevas."[44]

A atribuição do primeiro prêmio da 1ª Bienal Internacional de São Paulo à obra *Unidade Tripartida* de Max Bill é prioritária para a compreensão do discurso que se constrói durante a época. A eleição de uma escultura elaborada a partir de técnicas industriais e em aço inox, material prioritariamente industrial, como primeiro prêmio da exposição que viria a ser posteriormente uma das mais importantes dentro do calendário das artes no País, enfatiza sobre quais pressupostos

42 Max Bill (1908-1994) foi um dos mais importantes artistas do concretismo, desenvolvendo atividades em quase todos os ramos da arte – pintura, escultura, arquitetura, design gráfico – com excelência técnica e rigor matemático na composição. Disponível em: <http://www.macvirtual.usp.br/mac/home.asp>. Acesso em: 18 jan. 2008.

43 AMARAL, Aracy. Surgimento da abstração geométrica no Brasil. In: AMARAL, Aracy (Org.), op cit.

44 STOLARSKI, André *Alexandre Wollner e a formação do design moderno no Brasil*: depoimentos sobre o design visual brasileiro. São Paulo: Cosac Naify, 2005

criativos deverão orientar a produção artística local: uma arte capaz de relacionar-se com os materiais e processos pertinentes ao ambiente industrial. Max Bill encarna as qualidades do artista moderno, capaz de extrair as qualidades plásticas do conhecimento das propriedades dos materiais.

Portanto, o desenvolvimentismo do período elege os processos criativos capazes de estabelecer um diálogo com o desenvolvimento industrial favorecido, pelas estratégias político-econômicas do período.

2.4 O contexto da disciplina "desenho industrial" no Brasil

A difusão da noção de desenho industrial em países como o Brasil, a partir de uma ênfase estético-projetiva oriunda da difusão parcial do discurso moderno, estabeleceu uma compreensão limitada das premissas que envolveram a fundação da escola e da complexidade da atividade. A consolidação de um estilo ocorreu de forma contrária aos propósitos de Gropius: a pesquisa estética não foi a única premissa para uma definição formal. O alinhamento às exigências de produção, às tecnologias disponíveis, às questões econômicas, às solicitações de mercado e às necessidades de desenvolvimento local exerceram papéis significativos na concepção dos produtos e, portanto, dentro de uma noção mais ampla do papel do desenho industrial dentro de uma sociedade.

A compreensão reduzida do desenho industrial como atividade estético-projetiva produz uma série de consequências negativas para a disciplina; a primeira delas, a concepção do desenho industrial como arte, segundo Bonsiepe, coloca o profissional no papel de um *outsider* destinado a qualificar o mundo profano da produção industrial introduzindo-a no reino aristocrático da cultura. Tal aproximação dificilmente prepara o futuro profissional para comunicar-se com os outros protagonistas do mundo da produção industrial.

Outro ponto restritivo destacado por autores como Bonsiepe, Castelnuovo, Gluber e Matteoni[45] é a consideração do desenho industrial como subproduto de uma arquitetura moderna, a partir da relevância da contribuição dos arquitetos e historiadores de vanguarda que incluíram o desenho industrial no debate cultural da arquitetura moderna. Além da contribuição prática, especialmente na concepção de mobiliário e de artefatos para o interior das habitações, a visão arquitetônica do desenho industrial privilegia, especialmente, os aspectos morfológicos da disciplina.

45 BONSIEPE, Gui. Paes in via di sviluppo: la coscienza del design e la condizione periferica. In: CASTELNUOVO, Enrico (Org.), op. cit.

Dessa forma, o desenho industrial foi, em grande parte, compreendido como melhoramento estético de um segmento bastante pequeno da produção industrial, com o objetivo de criar uma conformidade com os paradigmas formais da arquitetura moderna. A valorização dos aspectos morfológicos também dificultou a valorização do papel do profissional na produção industrial, onde estão presentes também outros discursos: as condições de produção, custos, políticas de preço, qualidade, comercialização etc.

"Se o desenho industrial não vem oferecer nada mais que um controle das características estéticas, não pode deixar de ser uma intervenção marginal."[46]

No Brasil, é possível verificar outras importantes contribuições para a reflexão do discurso do desenho industrial. No entanto, durante o processo de institucionalização do desenho industrial difundiu-se, predominantemente, uma concepção redutiva da área, limitando o papel da atividade às questões estéticas. A partir dos anos 1960, é possível identificar uma crise da noção de desenho industrial no debate internacional, paralela às discussões sobre a modernidade.

2.5 Artigos relativos à década de 1950

Os artigos relacionados neste texto foram publicados na década de 1950. Nesta relação, há um grande número de artigos que possuem caráter divulgativo da produção de determinados setores ou determinados autores. Estes são posteriormente destacados no índice, porém não serão analisados. Reitera-se aqui o critério de seleção: somente são relacionados os artigos significativos para a construção e definição do campo de conhecimento no Brasil. Esses artigos são analisados um a um, a partir da consideração dos seguintes aspectos: a contextualização do texto; a data de publicação, autoria, periódico em que foi publicado; a temática; a relação com outras produções de notoriedade reconhecida e a análise crítica, determinada pelo enfoque dessa pesquisa: a problemática do significado da disciplina durante o período em questão e a contribuição dessa abordagem para a reflexão contemporânea sobre a área.

O texto "Artesanato e indústria" foi publicado na edição de número nove da revista *Habitat*, em 1952. Trata-se de uma das primeiras edições deste periódico de arquitetura e artes, que iniciou sua publicação no ano anterior, em 1951, editada por Lina Bo Bardi e vinculada ao Masp.

Tendo como tema principal a polêmica entre o artesanato e a indústria, o texto apresenta-se sem assinatura, o que costuma

46 Idem, p. 254.

refletir um posicionamento ou uma orientação definida pelo conselho editorial da revista em relação a um determinado tema ou assunto.

A polêmica, assim como as relações entre arte e indústria, aparece como tema bastante recorrente à década de 1950 no Brasil. Ambos os temas são reflexos de um debate mais amplo em âmbito internacional, iniciado após a superação do período do primeiro grande desenvolvimento industrial europeu, localizado entre o século XVIII e a primeira metade do século XIX. São antecedentes dessa discussão: o impacto da Exposição Universal em Londres em 1851, as reflexões de Ruskin e Morris e o desenvolvimento do movimento moderno. No pós-guerra, as relações entre arte, artesanato e indústria são assunto de destaque no debate cultural de países em processo de transição de economia predominantemente agrária para a industrialização acelerada.

> A luta entre o artesanato e a produção industrial é uma luta declarada. Iniciou-se, digamos, há uns oitenta anos, e não parece estar prestes a acabar. No plano teórico, o problema da coexistência desses dois sistemas de produção é quase que insolúvel, pois o artesanato é uma indústria anacrônica, insuficiente, e por outro lado a indústria, isto é, a produção em série, é uma arte completamente nova, ainda em processo de evolução. (...) Existe em toda a parte a mania da peça única, do objeto original, do objeto "artístico": as condições econômicas, porém, fazem-no caro e reservado somente para poucos; e ainda nem sempre apropriado a desempenhar a função para a qual foi feito. Existe, pois, um só caminho, o mais simples e mais óbvio: produzir esse objeto em série, fazer um produto standard, usando a mesma precisão instrumental e funcional com que a inteligência do artesão fabricava seus produtos que, em parte, ficam na história como exemplos absolutos de civilização.[47]

Em 1952, o Masp já havia promovido eventos significativos para a construção de um discurso de aproximação das artes ao ambiente industrial: a exposição *Vitrine das formas*, em 1950, e a exposição individual de Max Bill, em 1951, mesmo ano em que o artista suíço, já citado, recebera o primeiro prêmio da I Bienal de São Paulo.

Assim, a impossibilidade de coexistência entre os dois sistemas de produção e o elogio às máquinas ao lado de uma visão pejorativa da atividade artesanal é uma clara retomada ao discurso de Le Corbusier e ao radicalismo dos dogmas modernistas. São muitas as estratégias para a divulgação e consolidação de uma estética abstrata, oriunda das vanguardas construtivas europeias.

47 Artesanato e indústria. *Habitat*, n. 9, p. 86, 1952.

Ao associar à atividade artesanal às características de artefato restrito e, muitas vezes, pouco adequado ao papel para o qual se destina, o texto pretende estabelecer total dissociação entre a produção artesanal e a produção industrial. O objeto industrial deve descartar seus antecedentes, ou seja, os processos oriundos da produção artesanal e, apoiar-se em parâmetros novos que também se pretendiam universais. As atividades promovidas pelo Masp e o discurso publicado na revista *Habitat* demonstram a eleição do discurso das vanguardas racionalistas como modelo à produção industrial do período.

> (...) A experiência da decoração artística, feita desde 1900 até a guerra, mostrou o impasse da decoração e a fragilidade de uma concepção que pretende fazer de nossas ferramentas objetos sentimentais, objetos que expressam estados de alma individuais. Insurgiram-se as pessoas contra essa presença importuna e furtam-se a ela. Dia a dia, em contrapartida, assinalaram-se entre a produção industrial os objetos perfeitamente convenientes, perfeitamente úteis, de cuja elegância de concepção, pureza de execução e eficácia de serviços, emana um verdadeiro luxo, que deleita nosso espírito. São tão bem ajustados que os sentimos harmoniosos e, essa harmonia é suficiente para nos satisfazer plenamente.[48]

Nesse sentido, a proposição de um discurso completamente novo e desenraizado das experiências produtivas anteriores requer a formação de um profissional, capaz de adaptar-se às exigências da produção industrial seriada. E com esse intuito, o artigo prossegue:

> (...) A indústria não pode trabalhar com os moldes do artesanato: os resultados dessas experiências foram cópias indecorosas, não correspondendo em geral às exigências do custo e do material. O que é preciso é uma escola nacional de desenho industrial, capaz de formar artistas modernos. Modernos no sentido de conhecer materiais, suas propriedades e possibilidades e, portanto, as formas úteis e expressivas que requerem. Novas ligas metálicas, materiais plásticos, sintéticos, estão paulatinamente substituindo os velhos materiais: a madeira, o bronze, o barro (...).

Ao propor a criação de uma escola de desenho industrial, que tem por objetivo formar artistas modernos, reforça-se a compreensão da noção de desenho industrial às posturas adotadas pelo movimento moderno. O artista moderno oriundo, segundo o texto, da escola de desenho industrial, é aquele que é capaz de, por meio do conhecimento das propriedades materiais, extrair a plástica adequada às necessidades do processo de produção industrial, no qual predominam os elementos

48 CORBUSIER. Le. *A arte decorativa.* São Paulo: Martins Fontes, 1996.

racionais determinados pelas relações matemáticas e geométricas e pela pureza e economia de materiais.

Estabelece-se, portanto, ao final do artigo, a relação direta entre o fazer relativo à atividade do desenho industrial e as práticas artísticas determinadas pelas diretrizes de raízes modernistas. Ao imprimir à atividade do desenho industrial a prática projetiva de raízes modernistas, de alguma forma, estabeleceu-se, ao campo relativo à disciplina, uma conceituação restrita aos limites impostos pela modernidade.

O texto publicado na 34ª edição da revista *Habitat*. "Sobre a nova educação diante dos problemas de automatização: Hoschule für Gestaltung"[49] teve como objetivo somente reproduzir as palavras proferidas pelo argentino Tomás Maldonado, à época professor da Hoschule für Gestaltung, a HfG de Ulm, durante sua passagem pelo Brasil, em 1956, na qual proferiu conferências sobre o tema "A educação em face da segunda revolução industrial", no Rio de Janeiro.

A HfG havia iniciado suas atividades no ano anterior à visita de Maldonado, em 1955, sob direção de Max Bill. Tanto Maldonado quanto Bill eram referência moderna para os artistas abstratos brasileiros. Segundo Leite (2006), foi durante essa época que Niomar Moniz Sodré Bittencourt, diretora do Museu de Arte Moderna do Rio de Janeiro, solicitou a Maldonado o projeto de uma escola técnica a ser estabelecida no museu, elaborado a partir da experiência da HfG. O projeto não chegou a ser implementado, mas deu início a uma série de eventos relacionados ao desenho industrial no Rio de Janeiro. O projeto elaborado para a escola técnica, que teria como sede o Museu de Arte Moderna do Rio de Janeiro, fundamentou a criação, em 1962, da Escola Superior de Desenho Industrial, a ESDI.

A conferência de Maldonado teve como objetivo principal esclarecer ao público brasileiro as características da HfG de Ulm, e o argentino inicia seu discurso destacando a missão da escola em atribuir ao designer um papel de agente construtor da sociedade, reiterando as palavras assinadas por Max Bill no folheto de sua fundação. Maldonado prossegue identificando a escola de Ulm à tradição pedagógica proposta pela Bauhaus. No entanto, reforça em seu discurso que Ulm não pretende ser uma repetição da escola alemã:

> (...) Esses dois elementos,[50] expressionismo e estreito pragmatismo, são hoje alheios ao pensamento pedagógico da "Escola Superior de Desenho" de Ulm. A expressão de si mesmo foi substituída por vigilante inteligência crítica: o pragmatismo, por uma doutrina pedagógica onde o fazer e o

49 Sobre a nova educação diante dos problemas de automatização: Hoschule für Gestaltung. *Habitat*, n. 34, p. 60, set. 1956.

50 O autor refere-se a dois movimentos pedagógicos que influenciaram a escola alemã: o papel da arte na educação, como instrumento de libertação da subjetividade do indivíduo; e a importância do trabalho prático e manual como elementos formadores.

saber não são elementos opostos, senão coincidentes. Por outra parte, a preocupação científica, que esteve ausente quase que por completo no antigo Bauhaus, é uma das principais preocupações da escola. Os problemas, por exemplo, do desenho industrial de produtos para a indústria já não podem ser mais encarados com a mentalidade do "designer" de dez anos atrás. O desenhista não pode prosseguir como até agora, um especialista em cosméticos para produtos industriais. A era da automatização reserva ao desenhista tarefas socialmente muito mais importantes que a de "embelezar" as formas produzidas em série; Garner, um dos grandes investigadores da automatização na Grã-Bretanha, dizia há pouco tempo: "Nem sempre o engenheiro de produção é quem dirige o processo de automatização. Em muitas indústrias é o desenhista do produto que arca com esta responsabilidade. A obtenção de uma coerência total entre a forma do produto e os métodos eleitos para a sua produção sempre foi um dos principais problemas da indústria manufaturadora, mas é evidente que, com o advento da produção automática, este problema adquirirá um caráter decisivo. No futuro, será muito difícil definir onde termina a tarefa do engenheiro de produção e a do desenhista do produto. Não obstante, a diferença entre uma politécnica e uma escola superior de desenho deve sempre existir. No fundo, respondem a finalidades pedagógicas diferentes. O sábio, o engenheiro e o técnico deverão ser sempre completados pelo desenhista. Isto é, por uma personalidade criadora cujos interesses sejam os mesmos que os do sábio, do engenheiro e do técnico, mas cuja atenção para o destino cultural das formas industriais seja muito maior.

As palavras de Maldonado refletem, sobretudo, as preocupações dos países de industrialização avançada, nos quais era iminente a superação dos processos mecânicos pela automação no processo produtivo industrial, proporcionada principalmente pelos contínuos avanços tecnológicos.

Também reflete uma visão crítica acerca das consequências da passagem das proposições da Bauhaus, a escola alemã, para o continente americano, sobretudo após a instalação de alguns de seus principais representantes nas instituições de ensino norte-americanas. Tanto Cardoso como De Fusco reiteram que, no pós-Segunda Guerra Mundial a memória da Bauhaus assumiu um caráter bastante diverso daquele promovido por seus integrantes. A sua contribuição mais significativa foi a possibilidade de propor, por meio da arquitetura e do design, a construção de uma sociedade melhor, mais livre, mais justa e universal, sem conflitos de nacionalidade e raça que dominavam o período no qual a escola existiu. Entretanto, e contra a vontade de seus idealizadores, a Bauhaus acabou contribuindo para a cristalização de uma estética e de um estilo específico:

> (...) o chamado "alto" Modernismo que teve como preceito máximo o Funcionalismo, ou seja, a ideia de que a forma ideal de qualquer objeto deve ser determinada pela sua função, atendo-se sempre a um vocabulário formal rigorosamente delimitado por uma série de convenções estéticas bastante rígidas.[51]

A prática de aplicar fórmulas prontas de muitos admiradores da Bauhaus em muito degenerou numa compreensão equivocada da atividade do designer, muitas vezes, associando-o às de embelezador de produtos, sobretudo no ambiente industrial. Tal degeneração, em grande medida, acabou por limitar ou restringir a atuação do profissional dentro do processo de produção industrial. Essa situação já se tornara evidente no contexto internacional e Maldonado, à época, é um dos personagens mais significativos para a disciplina, ao refutar a associação da atividade às de qualificador estético. A crítica de Maldonado, ao distanciar com extremo radicalismo as atribuições do designer das do artista, tem como pretensão a afirmação da disciplina, sobretudo por meio da tentativa de definição do campo de atuação do profissional.

O discurso proferido, ainda que contemporâneo à gestão de Max Bill, da UfG de Ulm, já reflete as características posteriormente eleitas para a escola durante a gestão de Tomás Maldonado. Sob a tutela dele, a escola de Ulm apresenta, assim como o discurso proferido pelo argentino durante sua passagem ao Rio de Janeiro, uma face bastante tecnicista, enfatizando cada vez mais a racionalização como fator determinante para as soluções de desenho industrial.

O desenho industrial produzido pela escola na década de 1970 refletirá: a abstração formal, a ênfase em pesquisa ergonômica, métodos analíticos e quantitativos e modelos matemáticos de projeto, como caracteres bastante condizentes com o entusiasmo tecnicista, ou a automatização, nas palavras de Maldonado, que marcaram principalmente o período nos anos 1960: caracterizados pela corrida espacial e pelo desenvolvimento da eletrônica.

No entanto, ainda que as proposições de Maldonado reforcem uma visão rígida, a tentativa de afirmar a disciplina distanciando-a do fazer artístico fez com que se buscasse, em outras áreas do conhecimento, conteúdos que fossem capazes de fornecer subsídios à atividade projetual. Talvez a contribuição mais significativa de Maldonado seja a sua capacidade em apontar

51 CARDOSO, Rafael. *Uma introdução à história do design*. São Paulo: Blucher, 2004. p. 120.

para a complexidade do campo de conhecimento do desenho industrial e seu caráter interdisciplinar num ambiente constituído por sistemas artificiais e redes interligadas de produção,[52] distanciando-se de uma compreensão da atividade restrita às proposições modernas.

O artigo "Forma, função e projeto geral"[53] publicado na revista *AD Arquitetura e Decoração* em 1957, foi escrito por Décio Pignatari. O autor, após concluir seus estudos em Direito pela Universidade de São Paulo em 1953, viajou à Europa, onde permaneceu durante dois anos. Foi à HfG de Ulm, entrando em contato com Tomás Maldonado e o poeta Eugen Gombringer e ainda, durante a sua estadia, conheceu músicos de vanguarda, entre eles, John Cage. É importante destacar que no ano anterior à publicação do texto em questão, em 1956, Décio e o Grupo Noigrandes lançavam oficialmente o movimento de poesia concreta, durante a Exposição Nacional de Arte Concreta realizada no MAM-SP e também no saguão do Ministério de Educação e Cultura, o MEC no Rio de Janeiro.[54] No mesmo ano, o grupo publica o *Plano-piloto para Poesia Concreta* que posteriormente foi traduzido em diversos idiomas. Portanto, Décio Pignatari e os irmãos Haroldo de Campos e Augusto de Campos, além de fundadores do grupo Noigrandes, são representantes de relevante importância dentro do movimento concretista no Brasil, sobretudo na literatura. Por conseguinte, o texto em análise não poderia deixar de refletir a influência do movimento concreto, além de apresentar grande semelhança às proposições do texto "Artesanato e indústria",[55] anteriormente analisado.

> A postulação, já clássica: a *forma segue a função*, envolvendo a noção de beleza útil e utilitária, significa a tomada de consciência do artista, tanto artística quanto economicamente, frente ao novo mundo da produção industrial em série, no qual, *et pour cause*, a produção artesanal é posta fora de circulação, por antieconômica, anacrônica, incompatível e incomunicável com aquele mundo impessoal, coletivo e racional, que passa a depender inteiramente do *planejamento*, em todos os sentidos, níveis e escalas.[56]

O texto de Décio Pignatari, da mesma forma que o texto "Artesanato e indústria", aborda a problemática das relações entre arte, artesanato e indústria. Também reforça a marginalidade da produção artesanal na sociedade contemporânea, reforçando seu caráter pessoal e elitista contrários às pretensões de uma sociedade impessoal, coletiva e racional, em que, nas palavras de Pignatari, tudo passa a ser planejado. Certamente está contido nas palavras do autor o ideal mais nobre do

52 Idem, p. 168.

53 PIGNATARI, Décio. Forma, função e projeto geral. *AD Arquitetura e Decoração*, n. 24, jul./ago. 1957.

54 Disponível em: <http://www.itaucultural. org.br/aplicexternas/enciclopedia_lit/index.cfm?fuseaction=biografias texto&cd_verbete=5125&cd_item=35&CFID=1816745&CFTOKEN=36650837> Acesso em: 25 jan. 2008.

55 Artesanato e indústria. *Habitat*, n. 9, p. 86, 1952.

56 PIGNATARI, Décio. Op. cit.

movimento moderno: o anseio por uma sociedade mais justa e universal, sem conflitos de nacionalidade ou raça; os mesmo ideais da escola alemã, a Bauhaus, também citada por Pignatari.

Da problemática surgida entre arte e indústria, Décio valoriza o papel da arte como configuradora de uma linguagem formal que, desvinculada da representação do mundo contingencial e do lugar, pretende ser universal. Por sua vez, os objetos e ambiente deverão consolidar essa linguagem, universal e abstrata, propondo ao indivíduo uma nova sensibilidade formal. Ainda que o modernismo estivesse, de alguma forma, presente no ambiente cultural brasileiro desde os anos 1920; é somente no pós-guerra que se expandiu no Brasil a ideia de uma linguagem formal autônoma. Em sua fase inicial, a ruptura ao passado ou a tradição da escola de Belas Artes francesa fez com que os modernistas brasileiros, entre eles Mário de Andrade, buscassem no ambiente local, sobretudo por meio do barroco colonial, do artesanato e da música de origem popular, suas fontes de inspiração. Entretanto, durante a década de 1950, a abstração geométrica, pretensamente universal, impõe-se como vanguarda, aqui representada pelo concretismo, em oposição ao modernismo de nacionalista praticado nas décadas de 1920 e 1930.[57]

"Desenho industrial Olivetti"[58] e "Formas"[59] foram publicados na quinquagésima edição da revista *Habitat*, em 1958. O primeiro teve como objetivo apresentar e destacar o interesse suscitado pela passagem da exposição Olivetti no Museu de Arte Moderna do Rio de Janeiro, em 1958. O autor do texto destaca dois aspectos significativos da mostra: a originalidade e a apresentação de um problema completamente novo ao público: as relações entre arte e indústria, identificadas pela expressão **desenho industrial.** Além dos produtos da empresa, a mostra foi composta de composições gráficas produzidas pelo pintor Bramante Buffoni acompanhadas de texto de Pietro Maria Bardi. O artigo prossegue apenas reproduzindo os textos de Bardi e as imagens das composições gráficas e fotografias da exposição.

A Olivetti, multinacional italiana de máquinas e equipamentos de escritório, fundada em 1908, passa, na década de 1930, a investir em uma política de desenho industrial vinculada aos padrões estéticos do modernismo como forma de promover uma imagem de modernidade, eficiência e esclarecimento. Inicialmente, a empresa contrata diversos profissionais para reformulação das peças publicitárias, do desenho gráfico e da identidade visual da empresa, alinhando-os às tendências funcionalistas da época. Contudo, mais como uma roupagem estilística, pois ainda não havia nenhuma alteração nos produtos em si.

57 LEITE, João de Souza. De costas para o Brasil. O ensino de um design internacionalista. In: MELO, Chico Homem de (Org.). *O design gráfico brasileiro*: anos 60. São Paulo: Cosac Naify, 2006. p. 257-258.

58 Desenho industrial Olivetti. *Habitat*, n. 50, p. 22-25, set./out. 1958.

59 Formas. *Habitat*, n. 50, p. 40-41, set./out. 1958.

Somente a partir de 1936, com a contratação do designer Marcello Nizzoli a empresa passa a se ocupar com a forma dos produtos. Em estreita colaboração com engenheiros da empresa, Nizzoli projeta uma série de máquinas, durante as décadas de 1940 e 1950, e entre elas a série Lexikon, destacada na exposição de 1958 no Rio de Janeiro, que definiu o que se chamou por "estilo Olivetti".

Certamente, a exposição realizada no Museu de Arte Moderna do Rio de Janeiro é parte da estratégia de divulgação dos produtos em si, mas é também uma forma de posicionar-se como uma empresa moderna e avançada. Há, em termos, alguma razão por parte dos críticos; Bardi ao destacar o predomínio da consideração estética em relação às exigências materiais e estruturais, de alguma forma, evidencia a preocupação da plástica, da visualidade do objeto, em relação a outras características intrínsecas ao produto.

O texto "Formas", publicado também na revista *Habitat*, ainda que breve, apresenta uma reflexão bastante significativa ao debate cultural da época:

> O desenho industrial, este conceito que há mais de meio século vem revolucionando o ambiente em que se desenrola a vida contemporânea, atinge tudo quanto nos rodeia, propõe uma nova educação visual e do gosto, avançando sempre novas exigências quanto à boa forma ou segundo tradução do termo francês, à forma útil.
>
> (...) A procura da boa forma visa todos os objetos de uso cotidiano, sejam eles os aparelhos domésticos, os móveis, ou utensílios da cozinha. Não somente os artesãos como também os próprios artistas vem se dedicando à pesquisa da forma e dos materiais mais adequados para exprimir a estética funcional do objeto. Entre os artistas que mais se tem destacado nesses últimos anos, encontra-se o finlandês Tapio Wirkkala. Escultor, sente-se talvez por esta razão, atraído a observar e estudar a forma dos objetos de uso. (...) Wirkkala parece sempre enraizado nos elementos de seu artesanato, isto é, seus voos imaginativos originam-se da própria matéria e do tratamento que dispensa a essa. Wirkkala tem se salientado como um dos desenhistas mais versáteis e estimulantes da Europa, numa idade em que a industrialização leva, no conceito de muitos, a pensar com menor interesse no artesanato. Mas com o vidro, a madeira, os metais – principalmente a prata – Wirkkala soube criar um mundo sereno e puro de formas precisas e ritmadas. (...) Seria isso possível entre nós, ou em países onde os artesãos e artistas não oficiais constituem uma classe marginal?"[60]

60 Formas. *Habitat*, n. 50, p. 40-41, set./out. 1958.

O autor, ao iniciar seu texto, procura esclarecer o significado da noção de desenho industrial associando-a ao binômio forma–função. Reforça que o objeto deverá, com a plástica adequada, atender às vistas e às mãos do operador, sem que seja esquecido o papel para o qual ele se destina. O conceito proposto retoma o discurso da escola alemã, a Bauhaus, que buscou, com a arte, eliminar as barreiras tecnicistas, ao potencializar o projeto como pura ideação formal.[61]

Entretanto, a contribuição mais significativa está contida nos parágrafos finais do texto, onde é destacada a produção do designer e escultor finlandês Tapio Wirrkala.[62] A produção de objetos industriais de Wirkkala, além de revelar um extremo domínio dos materiais, incorpora à natureza local, por meio da sensibilidade, elementos da tradição artesanal finlandesa. O autor tem como objetivo, ao destacar a produção de Wirkkala, criticar a convicção até então bastante em voga, inclusive presente nos textos anteriormente comentados: a visão pejorativa sobre os processos de produção artesanais face à atividade industrial. E encerra seu texto ao questionar sobre a possibilidade de aqui, no Brasil, desenvolver-se uma experiência semelhante à finlandesa. A conclusão aberta não fornece respostas ou caminhos possíveis para o florescimento de um processo de produção industrial capaz de incorporar elementos materiais, culturais, sociais e tecnológicos próprios do contexto brasileiro, mas reflete, dentro do debate cultural sobre a disciplina, o início de uma consciência crítica em relação à adoção total de paradigmas internacionais e pretensamente universais, próprios do movimento moderno, como único modelo à produção de objetos.

A publicação não revela a autoria do texto, mas indica a proximidade às questões em proposição dentro do debate italiano à mesma época. Argan faz também importantes considerações sobre o tema das relações entre arte, artesanato e indústria, utilizando-se também da produção de Wirkkala como resultado de uma evolução dos processos artesanais em direção aos processos industriais.[63]

A Itália foi talvez o país que, no contexto mundial, mais soube tirar proveito das atividades artesanais para o desenvolvimento da sua produção industrial. Um país que em 1959, segundo Argan, não possuía escolas de desenho industrial, mas sobretudo escolas de artesanato[64] e, que do ponto de vista do desenvolvimento industrial europeu, apesar de estar bastante atrás de seus vizinhos, conquistou uma posição de destaque mundial dentro do discurso da disciplina nos anos 1970.

61 ARGAN, Giulio Carlo. Arte, artigianato, industria. In: *Proggetto e Oggetto.* Milano: Medusa, 2003.

62 *Tapio Wirkkala* (1915-85) foi *designer*, escultor, professor e museógrafo. Sua obra reflete sensibilidade diante do entorno em que viveu tanto aos aspectos da natureza como da tradição artesanal local. O constante contato com a natureza proporcionou-lhe um profundo estudo de biônica aplicada ao design. Estudou no Instituto de Artes Industriais, em Helsinki, de 1933 a 1936 e foi seu diretor artístico de 1951 a 1954. Além do título de *Doctor Honoris Causa* outorgado pelo Royal College of Art, de Londres, Tapio recebeu inúmeros prêmios na Bélgica, Estados Unidos, Itália e Suécia. *Fonte*: DesignBrasil. Disponível em: <http://www.designbrasil.org.br/portal/opiniao/exibir.jhtml?idArtigo=147>. Acesso em: 27 jan. 2008.

63 ARGAN, Giulio Carlo. Risposta a um'inchiesta sull'artigianato. In: ARGAN, G. Carlo. *Progetto e oggetto.* Milano: Medusa, 2003. p. 46.

64 ARGAN, Giulio C. *Progetto e oggetto.* Milano: Medusa, 2003

Argan revela-nos os pressupostos adotados para o desenvolvimento do desenho industrial na Itália. Reitera também uma postura crítica ao modelo norte-americano difundido nos países latino-americanos. Por meio da marginalização do artesanato impõe-se o que Argan chamou de "revolução da técnica" e suas consequências necessárias.

O debate, nesse momento, apresenta o início de uma crítica em relação aos meios propostos pelo movimento moderno para se alcançar o ideal de uma sociedade mais justa. As proposições do movimento moderno no pós-guerra em grande parte degeneraram-se somente em manipulação de um vocabulário estético restrito. Foram poucas as conquistas sociais e abre-se a perspectiva para uma reflexão acerca dos caminhos escolhidos para a construção do campo do desenho industrial no país.

Entretanto, o discurso limitou-se em muito a apontar perspectivas distintas às adotadas, sem maiores preocupações em propor estratégias capazes de favorecer a construção de um processo industrial vinculado aos processos produtivos existentes no país.

O texto "As artes industriais na cidade nova"[65] é a transcrição das palavras proferidas por Gillo Dorfles durante o Congresso Internacional de Críticos de Arte realizado em Brasília – ainda em fase de construção – organizado por Mário Pedrosa.

Sobre o desenho industrial, Dorfles elabora importantes indagações em seu discurso:

> (...) Mas que parte desta produção deve ser considerada também como "arte"? É esta a questão que se põe; que quociente artístico deve-se reconhecer as múltiplas estruturas produzidas pela indústria? (...) a estética industrial tem hoje papel de primeiro plano na formação do gosto de um povo. É preciso ir mais além: os objetos industriais são quase os únicos que estejam ao alcance das camadas mais vastas da população. É por isso que cabe a estes últimos, mais do que aos quadros e estátuas, a tarefa de influenciar o gosto do cidadão e formar um "estilo" novo. E eis porque, nos nossos dias, a obra de arte "em série" se impõe ao lado da obra de arte "única". Podemos mesmo deduzir daí que, se uma nova civilização "visual" está nascendo, será em função dos elementos gráficos e plásticos produzidos por meio da indústria. [66]

Para Dorfles o desenho industrial assume, na contemporaneidade, o papel de arte popular uma vez que as chamadas "artes maiores" são inacessíveis à maioria da população. Nesse discurso são indiretamente retomadas as convicções das vanguardas racionalistas:

65 DORFLES, Gillo. As artes industriais na cidade nova. *Arquitetura e Engenharia*, n.55, p. 8, 1959.

66 Idem.

> A arte, privilégio elitizado, desencanta, pois os construtivos legam ao design, ao plano, o papel de assentar, o geometral da nova sociedade. Garantindo a excelência no desempenho dos objetos, o design objetiva comportamentos e racionaliza a vida, os gestos e os atos. O bom desenho, adverte-se, é pedagógico: pelo uso, o usuário é conduzido. (...) Não subsiste, assim, ocasião para o excepcional, a obra do virtuose: proscreve-se o "unicum", porquanto importa prescrever padrão, tipo, standard, módulo e célula; o elemento reprodutível, equidoso e invariável.[67]

Pelo discurso proferido é possível refletir sobre os propósitos e consequências da eleição de uma nova estética adequada às necessidades do processo de industrialização. Ainda que o discurso de Dorfles apoie-se nos princípios do modernismo, no contexto de uma industrialização financiada e, sobretudo, conduzida pelo capital internacional, a formação do gosto orientou-se muito mais pelo desejo de se consolidar um mercado consumidor aos produtos que aqui passaram a ser produzidos do que a construção de condições de vida mais justas e acessíveis à maioria da população brasileira.

"Artes industriais da Finlândia e arquitetura de exposições"[68] e "A exposição da arte decorativa finlandesa"[69] são artigos publicados na trigésima terceira edição da revista *Módulo* que têm como tema a exposição *Artes Industriais da Finlândia*, realizada no Museu de Arte Moderna do Rio de Janeiro, nos últimos meses de 1958.

O primeiro texto cuja autoria é de Mário Barata, intelectual e historiador da arte brasileira, tem como tema principal o projeto museográfico desenvolvido pelo arquiteto finlandês Timo Sarpaneva, que esteve pessoalmente no Rio de Janeiro para a montagem da exposição. Para efeitos desta pesquisa será somente transcrita a introdução, cujo conteúdo é mais significativo para a temática enfocada. Este trecho apresenta ideias semelhantes às proferidas por Dorfles durante sua passagem pelo Brasil:

> A recente exposição de Artes Industriais da Finlândia, no Museu de Arte Moderna do Rio e no Museu de Arte Moderna bandeirante, foi uma prova de que o desenho industrial constitui um dos aspectos mais importantes da criação estética do nosso tempo. Podendo – inicialmente – difundir novas e adequadas formas plásticas pelas camadas mais largas e densas da população, ele contribui para melhorar seu gosto e nível de vida. Essa função social de objetos práticos ou de adorno, que integram a estética moderna na existência cotidiana, não pode ser esquecida. (...)[70]

67 AZEVEDO, Ricardo Marques de. *Metrópole*: abstração. São Paulo: Perspectiva, 2006. p. 61-67.

68 BARATA, Mário. Artes industriais da Finlândia e arquitetura de exposições. *Módulo*, v. 2, n. 13, p. 22-23, abr. 1959.

69 GONÇALVES, Ritva Yara Urban. A exposição da arte decorativa finlandesa. *Módulo*, v. 2, n. 13, p. 26-29, abr. 1959.

70 BARATA, Mário. Artes industriais da Finlândia e arquitetura de exposições. *Módulo*, v. 2, n. 13, p. 22, abr. 1959.

O texto seguinte, "A exposição de arte decorativa finlandesa", em grande parte, relaciona somente os trabalhos e os "artistas" presentes na mostra, sem maiores reflexões.

> (...) Esta exposição compreendia trabalhos de artistas no setor de vidros, têxteis e mobílias. Uma exposição de vidros de tal monta ainda não saíra das fronteiras da Escandinávia, e foi também a primeira vez que trabalhos finlandeses vieram à América do Sul.
> Se bem que a arte decorativa finlandesa siga tendências modernas, ela se baseia em tradições antigas, que vêm desde a idade média (...). Em 1930 o arquiteto Alvar Aalto revolucionou a indústria de móveis usando madeira compensada. Desde a Primeira Guerra Mundial fabricavam-se na Finlândia mobílias com estrutura metálicas, e Alvar Aalto modificou esta era fria do metal para uma era mais acolhedora, de madeira (...). A arte decorativa finlandesa tem sido representada em várias exposições internacionais, e o sucesso obtido tem incentivado e inspirado seus artistas, que obtiveram vários prêmios internacionais, e seus trabalhos pertencem a coleções de museus, tanto na Europa quanto nos Estados Unidos. Porém, isso não seria possível se seus criadores não tivessem obtido uma boa instrução na Escola de Arte Decorativa, nem se não houvesse a compreensão e a colaboração das fábricas e das associações de arte decorativa.[71]

Nessa exposição, além das obras de Alvar Aalto, também estiveram presentes os objetos criados por Tapio Wirkkala, anteriormente citado. O destaque dado à produção finlandesa, seja pela exposição, seja pelos prêmios internacionalmente conferidos às obras, instiga o início de uma reflexão crítica no debate cultural internacional acerca da radical adoção dos dogmas modernistas à produção de objetos. O texto "Formas" e o destaque dado à passagem da exposição *Artes Industriais da Finlândia* por meio dos artigos publicados têm como objetivo apresentar ao público intelectual brasileiro perspectivas diversas à consolidação de uma linguagem formal internacionalista. Não é menos significativo e coincidente o lançamento do Manifesto Neoconcreto em 1959, sobre o qual Ferreira Gullar torna mais explícita a sua crítica:

> (...) a arte concreta tende a manter sua linguagem dentro de uma objetividade racionalista perigosa. No ponto extremo dessa tendência encontra-se o grupo paulista, para o qual as noções de tempo, espaço e estrutura, na arte são as mesmas que na ciência. Os neoconcretos negam essa identidade que, a seu ver, rouba à arte a categoria de meio de conhecimento e linguagem criativa independente. Para os

71 GONÇALVES, Ritva Yara Urban. A exposição da arte decorativa finlandesa. *Módulo*, v. 2, n. 13, p. 26-29, abr. 1959.

> neoconcretos a obra de arte é "um ser cuja realidade não se esgota nas relações exteriores de seus elementos" e que "só se dá plenamente à abordagem direta, fenomenológica". Por isso mesmo, as noções objetivas de tempo, espaço e estrutura não se podem aplicar a uma tal realidade, antes orgânica que mecânica. Sendo a obra de arte expressão de um mundo humano, de indivíduos e não de máquinas, o tempo, o espaço e a estrutura que o constitui (e que nela se constituem) não podem ser noções abstratas, válidas apenas para a objetividade científica ou para o pensamento racional. (...)"[72]

Portanto, insinua-se no debate cultural brasileiro do final da década de 1950, a presença de uma reação crítica ao concretismo e, no desenho industrial, a reflexão acerca da possibilidade do processo de produção artesanal ou local contribuir para a configuração e desenvolvimento do processo de produção industrial no Brasil.

72 GULLAR, Ferreira. Da arte concreta a arte neoconcreta. *Módulo*, v. 2, n. 13, p. 30-35, abr. 1959.

3

Anos 1960:
a situação brasileira e suas relações com o contexto internacional

O desenvolvimentismo promovido pelo governo de Juscelino Kubitschek também apresentava suas mazelas: no final da década de 1950, os *déficits* governamentais aumentavam ano a ano acompanhados do crescimento da inflação. Os gastos com a construção de Brasília, aumentos salariais concedidos ao funcionalismo público, o subsídio à produção cafeeira e o amplo crédito concedido ao setor privado são as principais razões das dificuldades econômicas enfrentadas no período.

A política industrial adotada foi fundamental para o início do processo de industrialização brasileira, no entanto seus desdobramentos revelaram a ausência de melhor articulação social:

> (...) a ação do Estado ressentiu-se de uma melhor articulação com a política agrícola que promovesse sobretudo o crescimento da produção de alimentos básicos, de modo a viabilizar o crescimento econômico com ganhos de salário real e incorporação ao mercado de contingentes populacionais marginalizados; de melhor articulação setorial, de modo a evitar o atraso relativo de alguns setores, a heterogeneidade tecnológica e as substanciais diferenças nos níveis de produtividade; do desenvolvimento de um sistema financeiro privado capaz de mobilizar recursos para créditos de longo prazo para investimento, até hoje dependente das agências públicas de fomento, e de melhor articulação social, que promovesse melhor distribuição de renda e maior acesso das camadas de mais baixa renda ao mercado e aos serviços sociais básicos como educação, saúde e habitação.[73]

O governo de Kubitschek, em meio a uma crise, encerra-se com a posse de Jânio Quadros em 1961, eleito por eleições diretas, realizadas em outubro do ano anterior. A condução do País durante o primeiro ano de mandato de Quadros é desastrosa e culmina numa estratégia política equivocada: Quadros renuncia ainda em 1961, abrindo espaço para a posse do vice-presidente João Goulart. Como solução adotada a fim de

73 VERSIANI, Flávio R.; SUZIGAN, Wilson. O processo brasileiro de industrialização: uma visão geral. In: X CONGRESSO INTERNACIONAL DE HISTÓRIA ECONÔMICA, Louvain, ago. 1990, p. 25-26.

resolver os impasses existentes a sua presidência, o Congresso determina a adoção do sistema parlamentarista no Brasil e Goulart assume a presidência com poderes limitados.

Dentro desse contexto, João Goulart organiza uma série de medidas: reforma agrária; ampliação dos direitos políticos garantida pelo direito ao voto; ampla intervenção estatal na economia; nacionalização de empresas e rigorosa regulamentação de remessas de lucro ao exterior.

> As reformas de base não se destinavam a implantar uma sociedade socialista. Eram uma tentativa de modernizar o capitalismo e reduzir as profundas desigualdades sociais do País a partir da ação do Estado. Isso, porém implicava uma grande mudança, a qual as classes dominantes opuseram forte resistência.[74]

No cenário internacional, o contexto da Guerra Fria e, sobretudo a vitória da revolução cubana dentro do continente americano significavam para os setores mais conservadores da sociedade e, entre eles, os militares, a possibilidade de uma guerra revolucionária – cuja intenção final seria a instauração do comunismo – que corria à margem do confronto entre soviéticos e norte-americanos.

Não é preciso dizer que, diante das circunstâncias da época, as iniciativas de João Goulart não conquistavam o apoio de muitos setores da sociedade e diante de um ambiente em crise, marcado por greves e rebeliões, as alas mais conservadoras apoiam o golpe militar em 1964 como a única forma de pôr fim aos conflitos de luta de classes e da possibilidade de implementação do comunismo.

Paulatinamente, o regime militar, graças à instituição dos Atos Institucionais (AI) garantia plenos poderes aos seus dirigentes, o que possibilitou tanto a repressão de seus opositores como também facilitou a ação do governo em áreas estratégicas; isto garantiu, de alguma forma, resultados favoráveis à economia do País:

Uma das medidas presente no Programa de Ação Econômica do Governo (Paeg), elaborado pelos ministros Roberto Campos e Otávio Gouveia de Bulhões, impôs reflexos ao desenho industrial no Brasil. O estímulo às exportações não apenas de recursos naturais, mas também de produtos manufaturados, promovido pelo Paeg, suscita debates dentro da disciplina, já que ao favorecer a inserção dos produtos brasileiros no mercado internacional, a produção brasileira, ancorada aos modelos internacionais, pouco tem a oferecer além de cópias mal elaboradas de produtos já conhecidos nos países desenvolvidos.

74 Idem, p. 246.

A substituição de importações não exigiu a absorção e desenvolvimento de tecnologia e, portanto, o resultado foi o desenvolvimento de uma indústria com elevado grau de ineficiência, não competitiva interna e internacionalmente e, com pouca ou nenhuma criatividade em termos tecnológicos.

A política protecionista adotada e o modelo de substituição de importações, fundamentado na inserção de indústrias estrangeiras para a formação do parque industrial brasileiro, também contribuíram para a formação de uma mentalidade empresarial protecionista no País – na qual os empreendedores industriais não encararam o protecionismo como um meio para que, num determinado tempo, se implantasse uma indústria eficiente e competitiva; mas como um fim – no qual o protecionismo garantiu um mercado interno sem concorrência e, portanto, sem necessidade de investimentos para o desenvolvimento de novas tecnologias.[75]

Com a garantia de um mercado interno de consumo, a maioria das empresas estrangeiras atraídas para o País consolidou, no Brasil, estruturas industriais obsoletas já superadas em seus países de origem, contribuindo para um fraco desenvolvimento tecnológico e criativo no campo da produção industrial brasileira.

Estimulou-se, assim, por meio das diretrizes político-econômicas adotadas, as primeiras reflexões sobre a necessidade de construção de um desenho industrial autônomo com características nacionais, estabelecendo-se no debate cultural da década o início de uma discussão que se estende até os dias de hoje: a problemática da identidade do produto brasileiro.

Os anos posteriores ao golpe militar foram marcados por violenta repressão no Brasil o que acabou por gerar a própria rearticulação da oposição. No final da década são realizadas inúmeras ações de protesto contra a ditadura militar. Em todo o contexto internacional ocorrem mobilizações públicas de protesto, basta lembrar o significado das manifestações estudantis ocorridas na Europa durante o ano de 1968.

A década encerra-se marcada pelo antagonismo: a convivência com uma brutal repressão à resistência – luta armada de indivíduos ansiosos pela democracia – lado a lado com a prosperidade proporcionada pelas conquistas favoráveis no campo da economia.

3.1 O ambiente cultural e seus reflexos ao discurso da disciplina

Do ponto de vista da cultura, a década encerra um dos períodos mais significativos e prósperos em mudanças nos mais diversos campos do conhecimento. "As rupturas foram de toda a ordem: políticas, sociais, artísticas, científicas e comportamentais."[76]

75 Idem, p. 25-26.

76 MELO, Chico Homem de (org.). *O design gráfico brasileiro*: anos 60. São Paulo: Cosac Naify, 2006. p. 28.

O idealismo por uma sociedade mais justa e sem conflitos de classes ou raças alimentou o desejo de revolução em jovens de todo o mundo; proporcionando assim, a construção de novos horizontes, não somente políticos e comportamentais, mas também culturais.

A evolução dos meios tecnológicos também exerceu grande papel à época. Segundo Mello (2006) o rápido desenvolvimento dos meios de comunicação proporcionou uma multiplicação de imagens do globo terrestre que favoreceu o estreitamento das relações entre os homens do planeta: a visão do planeta a partir do espaço; a chegada do homem à lua; a ampla circulação de imagens dos ícones revolucionários, entre eles Che Guevara; os registros das manifestações estudantis realizadas em Paris durante o ano de 1968; a Guerra do Vietnã; o movimento *black power* nos Estados Unidos; todos são estímulos ao desejo de superação dos conflitos de toda ordem e passam a colocar em cheque autoritarismos de qualquer natureza.

No âmbito das artes, os reflexos dessa situação são identificados a partir da reconsideração das conquistas do movimento moderno.

> Impõe-se a crítica à teoria modernista por meio da coexistência de tendências contraditórias, cujo objetivo final é o desejo de superação dos limites impostos, sobretudo, pelos rígidos princípios hegemônicos do movimento moderno até então em voga: o formalismo e o funcionalismo, consagrados pela expressão "a forma segue a função", a necessidade de ruptura radical com a história e a expressão "honesta" da estrutura e do material.[77]

Inicia-se o período designado pela expressão "pós-moderno", motivo de inúmeros debates e controvérsias, dos quais este texto não pretende se ocupar, inaugurando um momento caracterizado pelo pluralismo de questões como contraponto às convicções pretensamente universais e totalitárias que marcaram o modernismo.

É nos anos 1960 que o panorama da historiografia sobre arquitetura e design contemporâneos é enriquecido com novas contribuições mais atentas a considerar o peso e as conquistas do movimento moderno. Na área de arquitetura, a publicação em 1966 do livro *Complexidade e contradição* de Robert Venturi mudou radicalmente a atitude das pessoas em relação à arquitetura moderna. Soma-se também a influência de novos paradigmas externos à disciplina, sobretudo, a fenomenologia e as teorias da comunicação passam a acrescentar novos modos de abordar a sua crise, inaugurando um período de reexame.

77 NESBITT, Kate (Org.). *Uma nova agenda para a arquitetura:* antologia teórica (1965-1995). São Paulo: Cosac Naify, 2006.

Contemporaneamente, também é possível identificar uma crise da noção de desenho industrial.

Nos mesmos anos 1960, com a crise do moderno, somam-se também novas contribuições à área, sobretudo a partir das obras de Reyner Banham e Tomás Maldonado.[78] A noção de desenho industrial, como fora construída, não parece ser mais suficiente para incluir os contextos distintos em que o designer é chamado para atuar pelo desenvolvimento do capitalismo contemporâneo. É nesse mesmo período que a literatura internacional abandona nomenclaturas como *industrial design*, que fora traduzido como "desenho industrial", enfocando sobretudo o desenho do produto, e passa a utilizar somente o termo inglês **design**, com significado mais amplo, incluindo as complexas relações entre a produção e os aspectos tecnológicos, sociais, políticos e psicológicos que a envolvem.

No entanto, o debate sobre o desenho industrial ganha contornos significativos, no Brasil, somente a partir do processo de industrialização acelerada promovido pelo Estado a partir dos anos 1950; sendo totalmente vinculado à difusão do projeto moderno no continente americano. Esse descompasso não deixou de ter reflexos também no discurso sobre o tema da caracterização de um design brasileiro. Nos últimos anos da década de 1950, já é possível identificar contribuições que refletem e questionam a validade dos conteúdos de matriz racional-funcionalista no âmbito brasileiro.[79] Nos anos 1960, as colocações de Décio Pignatari, influenciadas pelas teorias da comunicação semiótica, já reveem aspectos da raiz modernista contida na noção de desenho industrial e a problemática da identidade do produto brasileiro.[80]

A década de 1960, portanto, encerra um período de relevantes reflexões para todos os campos da cultura e também para o desenho industrial. A partir da crítica ao movimento moderno o campo de discussões amplia-se, determinando uma enorme complexidade às questões relativas à disciplina: a diversidade da reflexão sobre design elaborada a partir da década de 1960 fez emergir muitas direções que antes haviam sido represadas ou colocadas à parte.[81]

3.2 Bibliografia crítica

O Índice de Artigos tem como objetivo relacionar a totalidade de textos dirigidos, de alguma forma, à discussão da disciplina. A relação de artigos a seguir foi determinada graças às pesquisas realizadas no Índice de Arquitetura Brasileira (FAU), 1950/1970, elaborado pela Biblioteca da Faculdade de Arquitetura

78 Idem, p. 406-407.

79 Ver os seguintes artigos: Formas. *Habitat*, n. 50, p. 40-41, set./out. 1958; BARATA, Mário. Artes industriais da Finlândia e arquitetura de exposições. *Módulo*, v. 2, n.13, p. 22-23, abr. 1959; e GONÇALVES, Ritva Yara Urban. A exposição da arte decorativa finlandesa. *Módulo*, v. 2, n. 13, p. 26-29, abr. 1959.

80 Ver PIGNATARI, D. A profissão de desenhista industrial. *Arquitetura*, n. 21, p. 25-28, 1964.

81 CASTELNUOVO, Enrico; GLUBER, Jacques; MATTEONI, Dario, apud MARGOLIN, Victor. *Design discourse*. Chicago, 1989.

e Urbanismo da Universidade de São Paulo e dos levantamentos no acervo de artigos reunido pela Biblioteca do Masp.

Em relação à década anterior, nos anos 1960, a produção de textos dirigidos à disciplina apresenta um significativo aumento. A quantidade de artigos, portanto, proporcionará a possibilidade de dividi-los em grupos temáticos. Dos grupos formados, serão comentados somente os artigos cujos conteúdos contribuíram, de forma significativa, na construção e consolidação da disciplina no País. A seguir, os mesmos artigos serão organizados em grupos a partir das características de semelhança e proximidade dos temas.

Artigos relacionados a grupos profissionais e entidades de classe

Dois autores são significativos à temática relativa ao papel do profissional, especialmente o papel do arquiteto na sociedade da época e, sobretudo, para o desenho industrial: Eduardo Corona e Flávio Marinho Rêgo. Corona nasceu em Porto Alegre no ano de 1921, cursou arquitetura na Escola Nacional de Belas Artes (ENBA) no Rio de Janeiro e, posteriormente, desenvolveu sua atuação como arquiteto e professor na cidade de São Paulo. Sua obra mais significativa é o projeto do edifício para os Departamentos de História e Geografia da Universidade de São Paulo, realizado em 1961.

Flávio Marinho Rêgo, arquiteto, também formado pela ENBA, exerceu sua atividade de arquiteto fortemente influenciado pela ideias do modernismo, assim como Eduardo Corona.

O texto de Eduardo Corona, "O desenho industrial, o arquiteto e iniciativas erradas",[82] publicado na revista *Acrópole* de março de 1963, tem como temática duas questões: a primeira delas enfatiza a importância da inserção do arquiteto como profissional mais adequado a enfrentar a atividade do desenho industrial. A segunda, dedica-se à critica das posturas adotadas pela grande maioria das indústrias no Brasil.

Além dos atributos dedicados à classe profissional, há, nessa primeira questão, a consideração e a inserção das disciplinas de comunicação visual e desenho industrial na grade curricular do curso de arquitetura da FAU-USP. A partir da reforma do ensino realizada em 1962, há também o desejo de garantir ao profissional da arquitetura um mercado de trabalho nascente promovido pelo desenvolvimento industrial no País:

> (...) Agora, estamos presenciando resultados animadores da reforma posta em prática na Faculdade de Arquitetura e Urbanismo da Universidade de São Paulo, dentro da qual

82 CORONA, Eduardo. O desenho industrial, o arquiteto e iniciativas erradas. *Acrópole*, n. 292, p. 102, mar. 1963.

> se destacam sobremodo as linhas didáticas de interesse objetivo e profundamente estimulantes. Dentre estas está a de "Comunicação Visual", cujo conteúdo leva o futuro arquiteto a enfrentar problemas, desde a simples criação formal até a elaboração paciente do desenho industrial. É neste que a experiência dos arquitetos paulistas tem sido aplicada com resultados inteiramente satisfatórios, como professores e como profissionais de alto gabarito.
>
> No que se refere ao campo prático, desde a industrialização da construção aos resultados de uso do desenho industrial, muito significativa tem sido a atividade do arquiteto. (...)[83]

Em artigo posterior,[84] também publicado na revista *Acrópole*, no ano seguinte, a temática é semelhante à do artigo "O desenho industrial, o arquiteto e iniciativas erradas".

A mesma opinião também é compartilhada pelo arquiteto Flávio Marinho Rego em seu artigo "A arquitetura e o desenho industrial"[85] publicado em duas edições da revista *Arquitetura*. Ainda que o texto de Rego refira-se à atividade do arquiteto em meio ao processo de industrialização, é possível verificar semelhanças às opiniões quando, ao justificar a ênfase à vinculação do arquiteto ao desenho para indústria de construções, esclarece:

> (...) Queremos deixar claro que não é nosso pensamento defender a fuga dos arquitetos para a profissão de desenho industrial. (Poderá realmente haver essa classificação?) Evidentemente, o caráter polimorfo da profissão de arquiteto o possibilitaria, dependendo de sua imaginação e determinação, a se exercer no campo do desenho industrial em geral, (nos países já industrializados temos vários exemplos significativos). Entretanto o que nós queremos evidenciar é a necessidade do arquiteto de para bem exercer a sua profissão, se vincular estreitamente àquela faixa de industrialização que se realiza ligada à sua profissão. (...)[86]

Os críticos mais severos às estreitas relações entre a arquitetura e o desenho industrial interpretam discursos semelhantes como reflexos de um ponto de vista restritivo à disciplina do desenho industrial: a consideração do desenho industrial como um produto da arquitetura moderna é uma visão oriunda das prerrogativas da Bauhaus, para a qual a arquitetura é a disciplina capaz de integrar todas as artes.[87]

Segundo Niemeyer,[88] a proposta defendida pela FAU-USP, na qual caberia ao arquiteto a solução do desenho industrial consolidou-se como experiência única, pois não foi seguida pelas demais escolas de arquitetura no Brasil.

83 Idem.

84 CORONA, Eduardo. Desenho industrial. *Acrópole*, n. 304, p. 22, mar. 1964.

85 REGO, Flávio Monteiro. A arquitetura e o desenho industrial. *Arquitetura*, n. 22, p. 16, abr. 1964.

86 Idem.

87 Ver BONSIEPE, Gui. Paesi in via di sviluppo: la coscienza del design e la condizione periferica. In: CASTELNUOVO, Enrico (Org.). *Storia del disegno industriale* – 1919-1990 il dominio del design. Milano: Electa, 1991. p. 253-254.

88 Ver NIEMEYER, Lucy. *Design no Brasil*: origens e instalação. Rio de janeiro: Editora 2AB, 1997. p. 62-75.

Corona, na segunda questão tratada em seu artigo, não só critica as posturas adotadas pela grande maioria das indústrias no Brasil, como reconhece que somente na indústria moveleira há a participação do arquiteto. Enquanto isso, a grande maioria opta por adquirir licenças para a produção de produtos estrangeiros e, com isso, dispensam a participação de profissionais na concepção de produtos:

> Culpamos essas indústrias que, em vez de promoverem cada vez mais a capacidade do arquiteto nacional, culminam desastradamente em estabelecer contratos de exclusividade de móveis e objetos com grandes organizações, bonitos sem dúvida, mas pagando alto e solapando nosso ímpeto de criação que, podemos dizer, é potente, é válido, é de qualidade e não pode ser menosprezado.
>
> Estamos prontos, todos os arquitetos brasileiros, para impedir que isso continue e desde já protestamos contra isso junto aos nossos amigos industriais para que se unam e chamem os arquitetos nacionais para as criações – que se trabalhosas serão autênticas – e deixem que cadeiras "Barcelona" se constituam em preocupação de alguns poucos sonegadores de impostos e imponham ao brasileiro, o móvel brasileiro.[89]

No texto "Desenho industrial" Corona destaca suas melancólicas impressões da sua visita à V Feira Nacional de Utilidades Domésticas (UD):

> (...) forçoso é reconhecer, que na função ampla que deve ter o produto industrial de culturalmente representar um progresso e, por isso, algo de impositivo para o público, muito pouco temos alcançado até o momento.[90]

A situação declarada no texto de Corona, a participação do arquiteto restrita à indústria moveleira e a crítica aos industriais, reitera a percepção de Bonsiepe sobre o caráter restritivo que se impõe à disciplina a partir de uma compreensão do desenho industrial como extensão da arquitetura, destituindo-o de autonomia.

Entretanto, há ainda outro aspecto a ser evidenciado no texto: o debate cultural já aponta uma percepção crítica sobre o processo de industrialização. O parque industrial consolidado no País entre as décadas de 1950 e 1960 caracterizou-se pela abertura às empresas de origem estrangeira que aqui consolidaram estruturas predominantemente voltadas para montagem de produtos desenvolvidos em suas matrizes no exterior. Por sua vez, o interesse das mesmas concentrava-se na consolidação de mercados de consumo e remessa de lucros às

89 CORONA, Eduardo. O desenho industrial, o arquiteto e iniciativas erradas. *Acrópole*, n. 292, p. 102, mar. 1963.

90 CORONA, Eduardo. Desenho industrial. *Acrópole*, n. 304, p. 22, mar. 1964.

matrizes localizadas em seus países de origem. A esse aspecto, soma-se a cultura do empresariado brasileiro que, ao se deparar com uma situação de concorrência ou perda de mercado, jamais encarou o desenvolvimento tecnológico e criativo como solução. Recorria-se sempre ao protecionismo: a garantia de mercado interno por meio de taxações a produtos similares foi constantemente moeda de troca com o Estado para a manutenção dos postos de trabalho no País.

Como resultado dessa situação, não havia oportunidades reais de inserção dos desenhistas industriais nas estruturas produtivas, assim como também, o produto não atendia às expectativas da maior parte da sociedade brasileira, seja por seu alto custo ou pelas características que pouco se relacionavam com a realidade do País. Pouco a pouco, a temática da identidade do produto nacional despontará como um dos assuntos mais constantes no debate cultural da época.

Corona, ainda no texto "Desenho industrial", destacará em 1964 a importância da Associação Brasileira de Desenho Industrial (ABDI) criada em 1963, ano anterior à publicação do texto em questão, e os esforços do Instituto de Arquitetos Brasileiros (IAB), além dos concursos em realização, entre eles o *Prêmio Roberto Simonsen* promovido na UD como iniciativas e oportunidades para o desenvolvimento tanto do profissional como também do produto brasileiro.

Artigos relativos ao ensino da disciplina no Brasil

"Quatro arquitetos brasileiros em Paris",[91] escrito pelo arquiteto e professor Lúcio Grinover, foi publicado em 1963 e tem como tema principal o relato da viagem realizada a Paris, França, por ocasião do III Congresso Internacional de Desenho Industrial promovido pelo International Council of Societies of Industrial Design (ICSID).

O grupo formado por Abrahão Sanovicz, João Carlos Cauduro, J. Rodopho Stroeter e Lúcio Grinover, todos professores da Faculdade de Arquitetura e Urbanismo (FAU-USP), formava a primeira delegação brasileira a participar dos congressos realizados pelo ICSID. A presença brasileira limitou-se à observação dos trabalhos apresentados, pois a ausência de uma associação brasileira de desenho industrial impossibilitava a filiação à organização formada somente por entidades de classe.

No ano anterior, em 1962, foi integrada ao currículo da FAU-USP a sequência de desenho industrial à grade curricular do curso de Arquitetura e Urbanismo. A ida a Paris tinha como objetivo apresentar as experiências do primeiro ano de

91 GRINOVER, Lúcio. Quatro arquitetos brasileiros em Paris. *Acrópole*, n. 297, p. 268-269, jul. 1963.

ensino na faculdade e colocar o corpo docente em contato com as discussões no âmbito internacional sobre a disciplina. Três temas são propostos para a discussão durante o congresso: *Estética Industrial, fator de unidade? Para ou contra o plágio* e *A formação do designer*.[92]

> Nos numerosos objetos expostos, dos talheres às máquinas operatrizes, das bicicletas às televisões, dos móveis aos aparelhos cirúrgicos de controle eletrônico, pudemos verificar o alto nível de desenvolvimento da indústria europeia, norte-americana e japonesa, no sentido da perfeição técnica de construção e do acabamento do produto. Notamos, entretanto, uma acentuada uniformização das formas dos objetos, uma profunda "internacionalização" das soluções consideradas sob o ponto de vista formal. Não foi possível, a não ser em casos excepcionais, assinalar características fundamentais no sentido de uma diferenciação cultural entre os diversos países. Essa uniformização obtida na produção dos objetos expostos foi a centelha que inflamou o Congresso por ocasião dos debates e das discussões em torno do tema "Estética Industrial, fator de unidade?", nos primeiros dias de trabalho.[93]

Em linhas gerais nos anos 1960, o debate sobre o desenho industrial já apresentava reflexos de uma discussão mais ampla: críticas às teorias modernistas são desenvolvidas em várias áreas do conhecimento. No Brasil, são exemplares as propostas do grupo Neoconcreto que, em finais da década de 1950, rejeitam o excessivo racionalismo e cientificismo, compreendendo-os como instrumentos de mecanização das atividades do artista. A discussão proposta pelo Congresso e as palavras de Grinover são perspectivas iniciais de uma reconsideração sobre a validade dos princípios de universalidade e ruptura radical com história e valores locais – paradigmas caros ao desenho industrial de filiação modernista.

À temática sobre *A formação do designer*, um dos temas do Congresso, Grinover escreve:

> No decorrer da última etapa do Congresso, quando se tratou da "formação dos designers", tivemos mais uma confirmação da validade de nossa posição.[94] Nesse dia, houve uma longa exposição dos resultados, no campo do ensino, de um grande número de países. Foram apresentados "slides" e filmes, chegando a despertar interesse a intervenção de Max Bill, que recomendava uma formação mais humanista, e as projeções da escola de Chicago. Para nós, esta sessão foi decisiva, uma vez que, após anos de estudo e experiências a escola Jay Doblin tinha chegado à posição filosófica em que nós justamente agora estamos atuando. Aquela instituição

92 Idem.

93 Idem.

94 A posição à qual se refere o autor é esclarecida em outro trecho do texto: "A Faculdade de Arquitetura e Urbanismo da Universidade de São Paulo conferiu novo rumo ao ensino em 1962. Cientes da responsabilidade e da tarefa que lhes cabia, os arquitetos docentes da Faculdade, contribuindo para o desenvolvimento da formação de profissionais de que o país está necessitando, criaram como parte integrante e fundamental do curso, entre outras, a Sequência de Desenho Industrial. (...) A nossa tese, examinada pela maioria, fundamenta-se no desenvolvimento e na coordenação do pensamento criador da Universidade e apoia-se na sólida tradição de uma classe profissional preparada onde, ao lado de uma preocupação constante pela cultura, existe uma orientação segura para a integração progressiva da técnica, visando o desenvolvimento de toda a pesquisa de caráter operativo". GRINOVER, Lúcio. Quatro arquitetos brasileiros em Paris. *Acrópole*, n. 297, p. 268-269, jul. 1963.

> de ensino preconiza a formação do Homem para a sociedade de amanhã, através de uma síntese da Ciência, da Cultura, da Comunicação e do Design. Tratava-se da impostação filosófica que tínhamos dado em 1962 à Faculdade de Arquitetura e Urbanismo, nada mais, nada menos.[95]

A instituição da sequência de disciplinas de desenho industrial na FAU-USP, ao atender às expectativas e solicitações da Federação das Indústrias do Estado de São Paulo (Fiesp), cujo objetivo era a formação de profissionais qualificados capazes de atuar nas estruturas industriais do estado, aproxima-se do modelo pedagógico desenvolvido pela escola de Chicago[96] cujo programa fora adotado, ainda na década de 1950, pelo IAC nos seus dois anos de atividade. A atenção à intervenção de Max Bill por uma formação mais humanista e a experiência em Chicago demonstram uma maior afinidade à experiência desenvolvida pela Bauhaus de Gropius: uma compreensão do desenho industrial enraizado na expressão artística individual. É válido ressaltar que a HfG de Ulm, ainda que considerada uma experiência sucessora à escola alemã, distancia-se dessa escola, sobretudo após a saída de Bill, ao enfatizar a compreensão do desenho industrial baseado num rígido cientificismo racionalista; modelo que será adotado pela Escola de Desenho Industrial (ESDI) no Rio de Janeiro.

Sobre a fundação e o início das atividades da ESDI no Rio de Janeiro dedicam-se os artigos: "Escola Superior de Desenho Industrial: experiência de um ano e perspectivas",[97] de Cláudio Ceccon, publicado na revista *Arquitetura* em 1964; o texto "Escola Superior de Desenho Industrial"[98] de Flávio de Aquino – arquiteto, crítico de arte e professor da escola – foi publicado em duas partes na revista *Módulo* de 1964 e "Escola Superior de Desenho Industrial",[99] publicado na revista *Arquitetura* em 1965. Todos os artigos relacionados à instituição têm como tema explicar a proposta de ensino para o desenho industrial eleita pela escola: seus objetivos e expectativas, grade curricular e avaliações sobre a experiência do primeiro ano da escola. A seguir, os trechos mais significativos dos textos citados:

> A ideia de fundar no Rio, uma Escola de Desenho Industrial surgiu há 8 anos, no Museu de Arte Moderna do Rio de Janeiro. Aproveitando a vinda de Tomás Maldonado, reitor da Hochschule für Gestaltung, de Ulm, e sob a sua influência de Niomar Moniz Sodré e Carlos Flexa Ribeiro, diretores do MAM, programaram os currículos; e o próprio projeto do Museu, elaborado por Affonso Eduardo Reidy, foi a isso adaptado. Razões econômicas não permitiram levar a ideia à frente.[100]

95 GRINOVER, Lúcio. Quatro arquitetos brasileiros em Paris. *Acrópole*, n. 297, p. 268-269, jul. 1963.

96 A escola de Chicago, conhecida com New Bauhaus do Instituto de Arte de Chicago, mais tarde integrado no Illinois Institute of Technology, foi fundada em 1937 pelos professores imigrantes da Bauhaus: Moholy-Nagy, Herbert Bayer, Josef Albers e Walter Peterhans. WOLLNER, Alexandre. A emergência do design visual. In: AMARAL, Aracy. *Arte construtiva no Brasil*. São Paulo: Companhia Melhoramentos, 1998. p. 227-232.

97 CECCON, Claudius S. P. Escola Superior de Desenho Industrial: experiência de um ano e perspectivas. *Arquitetura*, n. 21, p. 10-13, mar. 1964.

98 AQUINO, Flávio de. Escola Superior de Desenho Industrial. *Módulo*, v. 8, n. 34, p. 33, ago. 1963.

99 AQUINO, Flávio de. Escola Superior de Desenho Industrial. *Arquitetura*, n. 31, p. 40-41, jan. 1965.

100 AQUINO, Flávio de. Escola Superior de Desenho Industrial. *Módulo*, v. 8, n. 34, p. 33, ago. 1963.

O texto "Escola Superior de Desenho Industrial: experiência de um ano e perspectivas" ao contextualizar historicamente faz algumas críticas ao desenvolvimento do ensino de desenho industrial no Brasil, sobretudo à experiência de ensino em realização na FAU-USP:

> Em 1956, na fase de planejamento do Museu de Arte Moderna no Rio de Janeiro foi prevista a instalação de uma escola, mas por razões econômicas, isso não foi possível.[101] Em 1961 a Faculdade de Arquitetura e Urbanismo da Universidade de São Paulo, inclui em seu currículo o desenho industrial, mas em vez de orientá-lo para a pré-fabricação e industrialização dos meios construtivos, obriga os estudantes de arquitetura a projetar bules e aspiradores. Só em 1963 surgiu a primeira escola de nível universitário – a Escola Superior de Desenho Industrial – na Guanabara, atualmente a única na América Latina.
>
> A Escola Superior de Desenho Industrial não tem por finalidade formar profissionais que façam objetos bonitinhos. O ensino está orientado no sentido de substituir a "bossa" individual, puramente intuitiva e quase sempre formalmente gratuita, por uma metodologia de resolução de problemas. Esta metodologia não é um academismo e sim uma atitude estreitamente ligada às dificuldades enfrentadas pelo desenhista industrial.[102]

Segundo Leite (2006), a ESDI ao aproveitar a proposta para a escola técnica no Museu de Arte Moderna no Rio de Janeiro, elaborada por Maldonado em 1956, reproduz o modelo pedagógico da HfG de Ulm que, segundo o autor, representa ainda hoje a matriz hegemônica da educação em design no Brasil.

Um aspecto importante da fundação da escola concentra-se na escolha do nome da instituição:

> O próprio nome da Escola foi desde então amplamente debatido. A palavra design não podia ser usada em sua grafia original por se tratar de um estabelecimento estatal. Sua tradução mais aproximada – planejamento, programação – transposta para o português, daria: Escola Superior de Planejamento Industrial, o que provocaria associações inexatas com o planejamento econômico, arquitetônico e técnico da indústria e não com o produto industrial. Na falta de uma expressão ou palavra que pudesse resumir os objetivos da Escola, adotou-se DI, confiando-se em que o futuro desenvolvimento da profissão venha a lhe dar uma configuração específica.[103]

O debate aberto sobre qual nomenclatura adotar para a disciplina e o desejo em adotar-se o termo **design** em substituição à expressão **desenho industrial** aponta para a problemática do

101 Ver texto analisado no capítulo relativo à bibliografia da década de 1950: Sobre a nova educação diante dos problemas de automatização: Hoschule für gestaltung. *Habitat*, n. 34, p. 60, set. 1956.

102 CECCON, Claudius S. P. Escola Superior de Desenho Industrial: experiência de um ano e perspectivas. *Arquitetura*, n. 21, p. 10-11, mar. 1964.

103 AQUINO, Flávio de. Escola Superior de Desenho Industrial. *Módulo*, v. 8, n. 34, p. 33, ago. 1963.

significado. A atribuição da noção de planejamento ou programação à disciplina tem como objetivo ampliar o campo de atuação do profissional **designer** dentro dos novos contextos econômicos, sociais, políticos e tecnológicos que são reorganizados durante a década de 1960. A decisão acerca do termo ideal para identificar a primeira escola em nível superior na América Latina reflete um debate mais amplo em âmbito internacional: nos mesmos anos 1960, a literatura dedicada à disciplina abandona a nomenclatura *industrial design*, cuja tradução identificou como "desenho industrial"– cujo significado até então se restringia a aspectos do projeto de produto – e passa a utilizar somente o termo inglês **design**, cujo significado mais amplo tem como objetivo, ao estabelecer relações com a noção de planejamento, compreender as complexas relações entre a produção e os aspectos tecnológicos, sociais, políticos e psicológicos que a envolvem na contemporaneidade.

Por fim, o texto "Origem e desenvolvimento industrial no Brasil"[104] de João Carlos Cauduro, arquiteto e professor da FAU-USP, publicado na revista *Habitat*, em 1964, tem como tema principal a construção de um panorama histórico-didático da instituição do ensino de desenho industrial no País.

É importante localizar, dentro do período de institucionalização oficial do ensino de desenho industrial no Brasil, a original contribuição de Lina Bo Bardi sobre o pré-artesanato no Brasil e a situação peculiar do País no quadro do Terceiro Mundo, em grande parte, baseados na experiência da arquiteta em contato com a cultura popular do Nordeste.

A pesquisa sobre um desenho industrial compatível com a realidade brasileira não se limitou à experiência realizada pelo Studio Palma.[105] Bastante negligenciada pela literatura corrente no período sobre o ensino da disciplina e contemporaneamente às discussões para implantação da ESDI em 1962, segundo Pierrotti,[106] Lina desenvolve o projeto da Escola de Desenho Industrial e Artesanato a ser instalada no Solar do Unhão, em Salvador, como parte das atividades inerentes ao Museu de Arte Popular instalado no mesmo local.

Bardi elabora uma ampla e detalhada proposta para o funcionamento da Escola e do próprio museu: o funcionamento dos cursos da Escola previsto para durar dois anos, com um currículo que incluía história da arte, desenho, visitas às fabricas e aos ateliês, execução de modelos e prática dos ofícios. A partir dessa ampla formação, os conhecimentos teóricos e práticos estariam potencialmente integrados pelos alunos nas oficinas. Haveria oficinas de: ferro, metais não ferrosos,

104 CAUDURO, João Carlos. Origem e desenvolvimento industrial no Brasil. *Habitat*, n. 76, p. 47-50, mar./abr. 1964

105 O Studio de Arte Palma foi fundado por Lina Bo Bardi e Giancarlo Palanti em 1948 dedicado à concepção e produção de móveis. A experiência durou praticamente dois anos.

106 Eduardo Pierrotti, em sua dissertação de mestrado Tensão moderno/popular em Lina Bo Bardi: "nexos de arquitetura defendida em outubro de 2002 na Faculdade de Arquitetura de Universidade Federal da Bahia (FAUFBa), desenvolve importante estudo acerca da experiência e contribuição da arquiteta em sua passagem pela região do nordeste brasileiro". *Fonte:* vitruvius. Disponível em: <http://www.vitruvius.com.br/arquitextos/arq000/esp165.asp/>. Acesso em: jan. 2008.

madeira, barro, vidro, tipografia (artes gráficas) e de lapidação de pedras. Há indicações para outras oficinas numa provável ampliação da Escola: sisal, couro, palha, pintura e estamparia. Tais oficinas estariam localizadas nos dois galpões do complexo do Solar do Unhão.

Segundo Leite (2006) a arquiteta recuperava uma linha de ação vinculada aos ensinamentos dos ofícios, inserida em uma visão cultural mais ampla, não codificada pelo vocabulário do construtivismo internacional.

Outras iniciativas semelhantes foram propostas por Lina Bo Bardi entre as décadas de 1950 e 1960: a Exposição Bahia realizada em 1959, durante a V Bienal, foi considerada a primeira grande exposição de arte popular nordestina. Anos depois, em 1965, a mostra Nordeste do Brasil realizada em 1963 em Salvador, capital da Bahia, foi selecionada pelo próprio Itamaraty para ser exibida na Europa, porém, às vésperas de sua inauguração, na Galeria de Arte Moderna de Roma, foi cancelada por instruções do governo militar brasileiro. Anos mais tarde, em 1969, a exposição A mão do Povo Brasileiro, realizada no Masp, além de amalgamar a síntese das reflexões de Lina acerca dos processos produtivos, propõe à sociedade paulista o reexame acerca das opções escolhidas para o desenvolvimento do desenho industrial no Brasil.

A experiência de Bardi em Salvador não consta do panorama histórico do ensino da disciplina elaborado por Caudu-ro. O texto "Origem e desenvolvimento industrial no Brasil" encerra-se enfatizando a contribuição do Masp e do IAC e um balanço geral das experiências até então propostas para o ensino do desenho industrial no Brasil.

Artigos dirigidos à discussão do papel da disciplina e do profissional no contexto brasileiro

Os artigos de Décio Pignatari "A profissão de desenhista industrial"[107] e "O desenhista industrial",[108] publicados respectivamente na revista *Arquitetura* e *Habitat*, ambos durante o primeiro semestre de 1964, apresentam o mesmo texto sob títulos diferentes. O texto "Desenho industrial"[109] de Lúcio Grinover, também dirigido ao papel do profissional e ao significado da disciplina apresenta ainda alguns trechos idênticos aos do artigo de Pignatari, o que dificulta o estabelecimento da real autoria das ideias presentes em ambos.

Os dois temas iniciais nesses artigos são: o esclarecimento acerca das atividades do profissional, o desenhista industrial, e seu papel para o desenvolvimento da produção industrial e o

107 PIGNATARI, Décio. A profissão de desenhista industrial. *Arquitetura*, n. 21, p. 25-28, mar. 1964.

108 PIGNATARI, Décio. O desenhista industrial. *Habitat*, n. 77, p. 39-42, maio/jun. 1964.

109 GRINOVER, Lúcio. Desenho industrial. *Habitat*, n. 76, p. 52-54, mar./abr. 1964.

significado da noção de **desenho industrial.** Sobre esse aspecto, os textos apresentam trechos idênticos:

> O desenhista industrial, quer como indivíduo isolado, quer como integrante de uma equipe, é um técnico de natureza toda especial, atua efetivamente como mediador entre a indústria e o mercado consumidor, entre as exigências da produção e as necessidades práticas e culturais do consumidor. (...) Ligado à indústria por meio de departamento ou pela prestação particular e profissional de serviço especializado, o desenhista é elemento do planejamento do produto.[110]
>
> Mas, o que é desenho industrial? O que significa?
>
> O termo "Desenho Industrial", tradução do inglês "Industrial Design" traz consigo uma série de equívocos, que devemos eliminar da maneira mais definitiva e absoluta.
>
> **Desenho Industrial não é desenho técnico.**
>
> **Desenho Industrial não é decoração.**
>
> **Desenho Industrial não é embelezamento de produto.**
>
> **Desenho Industrial não é "Arte aplicada".**
>
> **Desenho Industrial é o planejamento Técnico-formal do produto; isto é, o projeto de objetos destinado à produção em série, visando a qualidade dos mesmos, dentro das necessidades sociais, econômicas e culturais ditadas pela época e pela comunidade para a qual ele atua.**[111]

Durante a década de 1960, a configuração das noções de desenho e desenhista industrial não estava clara nem mesmo para o ICSID, como demonstra a dificuldade por parte da instituição em encontrar uma definição coerente da atuação do desenhista industrial. Entre 1959 e 1971 há, pelo menos, três diferentes tentativas de revisão conceitual do campo, até essas tentativas serem definitivamente abandonadas nas reuniões seguintes.

No entanto, os textos de Grinover e Pignatari apontam para a superação da noção de **desenho industrial** vinculada até então aos pressupostos racionalistas do movimento moderno:

> O desenho industrial, este conceito que há mais de meio século vem revolucionando o ambiente em que se desenrola a vida contemporânea, atinge tudo quanto nos rodeia, propõe uma nova educação visual e do gosto, avançando sempre novas exigências quanto à boa forma ou segundo a tradução do termo francês, à forma útil.
>
> (...) À procura da boa forma visa todos os objetos de uso cotidiano, sejam eles os aparelhos domésticos, os móveis, ou utensílios da cozinha. Não somente os artesãos como também os próprios artistas vêm se dedicando à pesquisa da forma e dos materiais mais adequados para exprimir a estética funcional do objeto. (...)[112]

110 O trecho em destaque está identicamente presente nos textos: GRINOVER, Lúcio. Desenho industrial. *Habitat*, n. 76, p. 52-54, mar./abr. 1964; PIGNATARI, Décio. A profissão de desenhista industrial. *Arquitetura*, n. 21, p, 25-28, mar. 1964.

111 O destaque enfatizado pela marcação em negrito está presente no texto original. Ver: GRINOVER, Lúcio, op. cit., loc. cit.

112 Formas. *Habitat*, n. 50, p. 40, set./out. 1958.

Até finais da década de 1950, a noção de **desenho industrial** apresenta-se vinculada aos pressupostos racionalistas do movimento moderno: a necessária capacitação do artista para a criação das formas essenciais e o famoso postulado "a forma segue a função" são superados ao se degenerar em compreensões equivocadas sobre a atividade profissional. Recorria-se ao desenhista industrial apenas quando o objetivo concentrava-se em garantir as qualidades estéticas do produto, envolvendo-o somente na etapa final da produção. O caráter de planejamento atribuído à atividade pretende integrá-lo à totalidade do processo produtivo.

Já na década de 1960, à crise do moderno somam-se novas contribuições à área, sobretudo a partir das obras de Reyner Banham e Tomás Maldonado, também citados por Pignatari em seu texto "A profissão de desenhista industrial". As contribuições de Grinover e Pignatari refletem e questionam os conteúdos de matriz racional-funcionalista no âmbito brasileiro e propõem para a disciplina e para atividade relativas ao desenho industrial uma noção próxima ao conceito de **planejamento**.

No contexto do capitalismo avançado, a concepção de desenho industrial condicionada aos paradigmas modernistas não é mais suficiente para caracterizar o campo de conhecimento e a atividade profissional num contexto marcado por complexas relações sociais, culturais, políticas e econômicas que passam a condicionar o processo de produção industrial.

Após as discussões relativas à área e à atuação profissional, os artigos seguem propostas distintas. O texto "Desenho industrial" de Grinover prossegue retomando as origens históricas da disciplina, enquanto o artigo "A profissão de desenhista industrial" ou "O desenhista industrial", de Pignatari, ao rever considerações históricas, introduz a reflexão acerca da situação do desenho industrial na condição brasileira:

> (...) Qual deve ser a sua posição, onde deve situar-se ele, hoje, quando o País, aos solavancos, busca recuperar seu atraso acelerando o processo de industrialização e expandindo um mercado interno até agora praticamente coagulado nos grandes e privilegiados centros urbanos, dada a estrutura arcaica e improdutiva de sua imensa potencialidade agrária?
>
> (...) E é em termos de linguagem que o desenhista industrial brasileiro deve aparelhar-se para exercer de maneira consequente e crítica as múltiplas atividades de coordenador. Quando dizemos de maneira crítica, queremos também significar: de maneira criativa. E a maneira crítica e criativa, na atual fase de desenvolvimento ou subdesenvolvimento brasileiro, devoradora de técnicas e culturas.

> (...) Para concluir: o desenhista industrial não pode ser considerado como artista – pelo menos no sentido tradicional do termo – e nem mesmo técnico, entendido este como um profissional especializado em cuja órbita não se inscreve, pelo menos diretamente, a responsabilidade pela destinação última – social e cultural – do objeto de cuja produção participa.
>
> Configurador da imagem útil do mundo industrial, o desenhista industrial é um mediador qualitativamente habilitado entre a produção e o consumo e atua no sentido de apurar, de modo criativo, a linguagem da vida material da comunidade.[113]

As colocações de Décio Pignatari, influenciadas pelas teorias da comunicação semiótica, já reveem aspectos da raiz modernista contida na noção de desenho industrial.

As proposições teóricas de Rayner Banham para disciplina àquela época, também compartilhadas por Pignatari, caracterizam a concepção estética dos produtos de consumo em massa por meio de dois aspectos: a transitoriedade e a vinculação a uma iconografia de símbolos imediatos, socialmente aceitáveis e ligados ao uso e à natureza do produto em contraposição aos aspectos defendidos pela concepção moderna à disciplina: uma estética permanente e vinculada às noções abstratas – até então, sinônimos de qualidade.

Pignatari, ao buscar elementos para a construção de uma linguagem própria ao produto nacional, retoma a abordagem inicial do modernismo no Brasil: as prerrogativas defendidas pelos modernistas das décadas de 1920 e 1930 que, ao se apropriar das linguagens internacionais, voltam-se prioritariamente para o Brasil.

A retomada de reflexões e o retorno dos problemas relativos à identidade em 1964 são favorecidos pelo estímulo às exportações não apenas de recursos naturais, mas também de produtos manufaturados, promovido pelo Programa de Ação Econômica do Governo (Paeg), elaborado pelos ministros Roberto Campos e Otávio Gouveia de Bulhões. A medida teve repercussão no desenho industrial, no Brasil.

O desenvolvimento de produtos no País ressentindo-se de linguagem própria, tão pouco conseguiria algo em âmbito internacional: com uma produção apoiada em procedimentos tecnológicos já superados, os resultados qualitativos estavam comprometidos. Os mesmos não apresentavam qualquer inovação, pois se apoiavam nos modelos internacionais. Produtos visíveis ao olhar estrangeiro como cópias malfeitas. É para essa urgência de competitividade, que encontrará suas maiores consequências nos anos 1990, que Pignatari já aponta nos anos 1960.

113 PIGNATARI, Décio. *A profissão de desenhista industrial*, loc. cit. e PIGNATARI, Décio. *O desenhista industrial*, loc. cit.

Urge-se para a construção de um repertório como forma de embasamento à linguagem do produto brasileiro: embasado na capacidade criativa, antropofágica, de apropriar-se dos códigos necessários – internacionais e nacionais.

O discurso orientado à valorização da cultura brasileira como fonte criativa, mais do que tentativa de inserção do produto brasileiro no mercado internacional, nos anos seguintes, orientar-se-á às reais necessidades do País buscando promover a inserção de um imenso contingente populacional que, à margem do processo de desenvolvimento, não foi capaz de participar, nem do ponto de vista criativo e menos ainda, do ponto de vista do consumo e do desenvolvimento promovido pela aceleração industrial.

Artigos relativos ao desenvolvimento da disciplina em outros países

O artigo "Arte industrial na Checoslováquia"[114] de Ferreira Gullar tem como tema a passagem da Exposição Tchecoslovaca de Arte e Técnica pelo Museu de Arte Moderna do Rio de Janeiro, em abril de 1963. A produção exibida no Brasil, resultado da experiência socialista nos países do leste europeu, apoiava-se nas perspectivas propostas pelas vanguardas racionalistas cujos objetivos não se limitavam apenas a produzir objetos, mas sobretudo a notar a importância da boa forma como elemento educativo e integrador.

O texto "Desenho industrial: arte ou tecnologia"[115] publicado na revista *Arquitetura* em 1963 apresenta a conferência do professor de Desenho Industrial do Royal College of Art em passagem pelo Brasil, Misha Black.

A perspectiva britânica sobre o desenho industrial compreendia a disciplina como modo de projeção profundamente emaranhado à vida social, à experiência cotidiana. Dentro dessa perspectiva, o desenho industrial ao estender-se a todas as áreas em que está presente a noção de projeto, abre possibilidades infinitas para o campo. A seguir, são reproduzidos os trechos relativos à definição do campo presentes no discurso de Black:

> O Desenho Industrial expressa um novo conceito; a profissão tem aproximadamente 45 anos de existência, já tendo, entretanto, produzido objetos de grande beleza dentro dos limites impostos pelo anonimato que caracteriza os objetos feitos à máquina. O desenhista industrial é em parte engenheiro, em parte artista. Intermediário entre a cultura,

114 GULLAR, Ferreira. Arte industrial na Checoslováquia. *Arquitetura*, n. 11, p. 21-5, maio 1963.

115 BLACK, Misha. Desenho industrial: arte ou tecnologia. *Arquitetura*, n. 14, p. 18-9, ago. 1963.

> trabalha nos limites do que é aceitável pelo público para o qual desenha; tenta convencer a indústria a dirigir o gosto ou a planejar a aceitação desse mesmo público, que não se deve satisfazer somente o mais baixo denominador comum do desenho; relaciona, ainda, as exigências da produção em massa e da aceitação pública (e, consequentemente, a venda) às necessidades reais de cada um. Através desse procedimento, o desenhista industrial alia o fator da demanda social à tecnologia e à arte.[116]

A contribuição inglesa à noção de desenho industrial antecipará novas perspectivas para o campo que predominarão no debate internacional da disciplina nos anos 1970: a superação do caráter restritivo, no qual o desenhista industrial detém-se somente aos aspectos da concepção de objetos; para uma abordagem na qual, o desenho industrial é responsável, conjuntamente com outras disciplinas, pela moldagem do ambiente humano. Com isso, abrem-se novas perspectivas para o ensino da disciplina, onde a interdisciplinaridade torna-se um elemento essencial à formação do profissional dedicado ao desenho industrial.

À inauguração do primeiro centro francês permanente de desenho industrial no Museu de Artes Decorativas em 1969, o *Jornal do Brasil* enviou seu correspondente Armando Strozenberg, que entrevistou Roger Tallon, à época diretor do escritório de Pesquisas e Realizações da Téchnés e professor no Instituto de Artes Aplicadas à Indústria. Tallon foi o responsável pelo desenvolvimento do TGV na França. A seguir, os trechos mais significativos presentes no texto:

> (...) Não existe uma definição única e universal de desenho industrial. (...) Considerando impossível delimitá-lo, "pode-se apenas dizer o que ele não é, e no que tende a se transformar: nada há de comum entre o desenhista industrial e o arquiteto ou o decorador, últimos sobreviventes de atividades nascidas com a Renascença, mantidas pelo monopólio oficial do sistema de belas-artes – formação e diplomas – produção e encomendas".
>
> (...) O problema do desenhista industrial como profissional, na França, é idêntico ao de todos os outros países desenvolvidos, onde ele se faz herdeiro de tradições artístico-literárias, "buscando, como o arquiteto o fez em vão, um poder total de transformação do meio ambiente, o que lhe será impossível enquanto não tomar consciência de que é, em relação à indústria, cúmplice tão cego quanto o cientista e o engenheiro, enquanto seu papel social deveria ser não só o de intermediário entre a indústria e o homem/consumidor, porém ao lado deste."

116 BLACK, Misha. Desenho Industrial: arte ou tecnologia. *Arquitetura* n. 14 p. 18-19, ago. 1963.

> Mas, estando o destino da sociedade ligado ao desenvolvimento tecnológico, e dada a função ambicionada pelo desenho industrial de "higienizar as formas de um meio artificial, isto é, produzido industrialmente, e que se deteriora," pode-se pensar na generalização da noção de desenho industrial a tal ponto que "em breve ela terá substituído qualquer outra noção de meio criativo no domínio útil, transformando-se numa nova ciência, a Formática".[117]

Dois pontos são fundamentais no discurso de Tallon: o primeiro deles está em considerar impossível delimitar o campo de ação da disciplina, no segundo, em virtude da própria abrangência do campo, Tallon propõe o design como elemento interdisciplinar e integrador de outras áreas do conhecimento, superando as atuais barreiras presentes nas estruturas de ensino. As contribuições de Misha Black e Roger Tallon, sob perspectivas distintas, anunciam uma nova amplitude à área; o papel da disciplina não se limita à configuração de objetos, mas, sobretudo, também abrange a configuração de ambientes humanos. A consciência dessa abrangência certamente impõe revisões ao ensino da disciplina numa direção interdisciplinar e na qual, o design supera a condição de disciplina coadjuvante, particularmente, ao campo da arquitetura e passa a conter em si outras áreas do conhecimento.

117 Tallon, Roger. O desenho industrial da protoforma à formática. *Jornal do Brasil*. 1º nov. 1969.

4

Anos 1970: o panorama histórico de um "milagre" que não se sustentou

Em agosto de 1969, o então Presidente da República, Costa e Silva fora vítima de um derrame e sem possibilidades de recuperação, acabou sendo substituído pelo general Emílio Garrastazu Médici.

O período governado por Médici, um dos mais repressivos durante a ditadura militar no Brasil, foi marcado por grandes antagonismos: de um lado, a eficácia e a brutalidade da repressão que quase eliminou por completo os grupos de luta armada, urbanos e rurais; a oposição legal, por sua vez, também se encontrou bastante enfraquecida; enquanto no âmbito da economia a atuação do governo alcançava resultados espetaculares.[118]

> O período do chamado "milagre" estendeu-se de 1969 a 1973, combinando o extraordinário crescimento econômico com taxas relativamente baixas de inflação. (...) O milagre tinha uma explicação terrena. Os técnicos que o planejaram, com Delfim Netto à frente, beneficiaram-se, em primeiro lugar, de uma situação da economia mundial caracterizada pela ampla disponibilidade de recursos. Os países em desenvolvimento mais avançados aproveitaram as novas oportunidades para tomar empréstimos externos. O total da dívida externa desses países, não produtores de petróleo, aumentou de menos de 40 bilhões de dólares em 1967 para 97 bilhões em 1972 e 375 bilhões em 1980".[119]

Segundo o historiador Boris Fausto,[120] o Brasil, além de contar com os empréstimos, também foi favorecido com a entrada do investimento de capital estrangeiro, sobretudo por meio da indústria automobilística.

Entretanto, o "milagre" apresentava também suas fragilidades e deficiências: realizava-se à custa de uma excessiva dependência do sistema financeiro e do comércio internacional. Do ponto de vista social, a política econômica privilegiou a acumulação de capital por meio dos subsídios e favorecimentos apontados e em contrapartida, os índices de ajustes salariais estavam muito aquém daqueles registrados pela inflação.

118 FAUSTO, Boris. *História concisa do Brasil*. São Paulo: Edusp: 2006. p. 266-267.

119 Idem. p. 268.

120 Sobre as informações de caráter histórico e político, o texto apoia-se predominantemente na recente contribuição do historiador Boris Fausto em: FAUSTO, Boris, op. cit., p. 266-680.

> Do ponto de vista do consumo pessoal, a expansão da indústria, notadamente no caso dos automóveis, favoreceu as classes de renda alta e média, mas os salários dos trabalhadores de baixa qualificação foram comprimidos.
>
> Isso resultou em uma concentração de renda acentuada que vinha já de anos anteriores. (...) Outros aspecto negativo do "milagre", que perdurou depois dele, foi a desproporção entre o avanço econômico e o retardamento ou mesmo abandono dos programas sociais pelo Estado. O Brasil iria notabilizar-se no contexto mundial por uma posição relativamente destacada pelo seu potencial industrial e por indicadores muito baixos de saúde, educação, habitação, que medem a qualidade de vida de um povo.[121]

Em outubro de 1973, ocorreu a primeira crise internacional do petróleo, como consequência da Guerra do Yom Kippur, movida pelos Estados árabes contra Israel, afetando profundamente o Brasil, que importava 80% de seu consumo. Em 1974, Médici foi substituído pelo também general, Ernesto Geisel, cujo governo é geralmente associado ao início de uma vagarosa abertura política.

Em 1975 é lançado o II Plano Nacional de Desenvolvimento (PND). O I PND fora elaborado por Roberto Campos em 1967, cujo objetivo concentrava-se no reequilíbrio das finanças e o combate à inflação.

> Com o II Plano Nacional de Desenvolvimento (PND), em 1975/79, o Estado articulou uma nova fase de investimentos públicos e privados nas indústrias de insumos básicos (siderurgia e metalurgia dos não-ferrosos, química e petroquímica, fertilizantes, cimento, celulose e papel) e bens de capital (material de transporte e máquinas e equipamentos mecânicos, elétricos e de comunicações), além de investimentos públicos em infraestrutura (energia, transportes e comunicações). O objetivo foi o de completar a estrutura industrial brasileira e criar capacidade de exportação de alguns insumos básicos. (...)
>
> Dessa forma, em fins da década de setenta e princípio dos anos oitenta, a estrutura da indústria brasileira já estava praticamente completa. A formação dessa estrutura, sob um esquema de substituição extensiva de importações e, subsequentemente, de promoção de exportações, foi fortemente induzida pelo Estado através de políticas de proteção (tarifa aduaneira, barreiras não-tarifárias, política cambial e regulação do investimento) e de promoção (incentivos fiscais e crédito subsidiado). Embora tenham sido eficazes na construção de uma base industrial integrada e altamente diversificada, essas políticas deixaram sequelas, pois, ao perseguirem um

121 FAUSTO, Boris, op. cit., p. 269.

> objetivo de "estrutura industrial completa" sob um elevado e permanente esquema de proteção e promoção, geraram ineficiências em nível de indústrias específicas, em prejuízo da especialização e da maior integração com o mercado internacional. O resultado é que a economia brasileira tornou-se extremamente fechada, apresentando um dos menores coeficientes de importação do mundo. Em consequência, muitas indústrias permaneceram não-competitivas, tanto no mercado interno quanto no mercado internacional.[122]

Quanto à abertura política, em 1978 o governo iniciou encontros com líderes da oposição e da Igreja, concorrendo para a restauração das liberdades públicas. Em 1979, o AI–5[123] é revogado e restauram-se os direitos individuais e a independência do Congresso. Pouco a pouco, os movimentos sindicais reorganizam-se em prol de melhores condições, sobretudo para as classes operárias. Entre 1978 e 1979, grandes greves são realizadas, principalmente conduzidas pelo Sindicato dos Metalúrgicos de São Bernardo, cujo objetivo era a correção dos salários defasados.

Em 1979, subiria ao poder o general João Batista Figueiredo cujo governo combinaria dois aspectos críticos à permanência da ditadura militar: a ampliação da abertura política e o aprofundamento da crise econômica. O segundo choque do petróleo impõe maiores dificuldades ao balanço de pagamentos, a subida crescente das taxas internacionais de juros e a dificuldade em obter empréstimos lançam o País em um período de grave recessão: pela primeira vez desde 1947, os indicadores do Produto Interno Bruto (PIB) foram negativos.[124] Dentre os setores mais atingidos estão as indústrias, concentradas nas áreas urbanas, o que consequentemente resultou em elevados níveis de desemprego determinando grandes contingentes populacionais marginalizados tanto do ponto de vista do trabalho quanto do consumo.

4.1 1970: o design ganha *status* nacional e dois polos de significação

A situação social, política e econômica brasileira impõem ao design[125] significativas consequências ao seu desenvolvimento. A aposta do Estado no processo de avanço e consolidação de uma base industrial por meio de isenções ou reduções de taxas, financiamentos com juros baixos e incentivos fiscais, somada ao incentivo à exportação – possível graças à concessão de empréstimos, anulação ou redução dos impostos vigentes e desvalorização cambial – inauguram um período de inúmeros debates, na maioria dos quais o design passa a ser encarado como uma prioridade tecnológica para o País.

122 VERSIANI, Flávio R.; SUZIGAN, Wilson. O processo brasileiro de industrialização: uma visão geral. In: X CONGRESSO INTERNACIONAL DE HISTÓRIA ECONÔMICA, Louvain, ago. 1990, p. 21.

123 Ato Intitucional 5 (AI-5) foi baixado pelo presidente Costa e Silva em 1968. Os Atos Institucionais tinham por objetivo reforçar o Poder Executivo e reduzir o campo de ação do Congresso durante o período do regime militar no Brasil.

124 FAUSTO, Boris, op. cit., p. 279.

125 Adota-se o termo **design** em substituição à expressão **desenho industrial** a partir da década de 1970. Considera-se que o segundo termo, sobretudo nos países que adotaram como perspectiva à disciplina o modelo de origem alemã, foi conceitualmente definido a partir dos paradigmas relacionados ao movimento moderno. A transição ao termo **design** teve como objetivo ampliar os horizontes conceituais do campo de conhecimento.

Essa nova forma de encarar o design pode, inclusive, ser constatada a partir do número de produção bibliográfica sobre o tema. A bibliografia da disciplina registrou nesta pesquisa 18 artigos dedicados ao tema nos anos 1950, 35 artigos no ano de 1960 e, finalmente mais de 100 artigos relacionados à área em 1970. Existe ainda outra consideração: dos textos indexados, muitos deles foram publicados em jornais de grande circulação pelo País – *Correio da Manhã*, *Diário de São Paulo*, *Folha de São Paulo*, *Jornal do Brasil*, *Jornal da Tarde* e *O Estado de São Paulo* – o que, em outras décadas, praticamente inexistiu. O design, antes restrito às revistas especializadas ou de entidades de classe, ganha o status de assunto de interesse nacional.

Se o início da década foi marcado pelo antagonismo presente nas situações política e econômica: repressão para alguns e prosperidade a outros, de alguma forma isso será refletido no debate cultural da disciplina.

Deixado à parte o grupo de textos relativos à produção de determinados setores ou determinados autores, há uma grande quantidade de artigos didáticos que, ao tentar dar conta de explicar o problema do significado da disciplina e da atividade a qual o designer se dedica, também apresentam análises à situação da disciplina no País, sob dois pontos de vista distintos:

1) O design é um elemento estratégico, um *know-how* ou conhecimento que, inserido no ambiente de uma empresa ou indústria, é capaz de garantir o desenvolvimento de produtos mais adequados às necessidades do consumidor.

> (...) Hoje, se queremos saber o que é "design", na sociedade capitalista ocidental, temos que examiná-lo enquanto atividade econômica. Afinal, a indústria existe para fazer dinheiro. Um fabricante de eletrodomésticos pode achar que está no negócio para fazer eletrodomésticos para facilitar a vida das donas de casa. Mas no fundo, bem sabe que este não é seu objetivo primordial. Bem sabe que o seu fim último é criar riquezas, lucros, através da conversão de matérias-primas em formas mais valiosas. É criar valores.[126]

2) O design segue, como definido por Aloísio Magalhães,[127] uma noção de caráter mais complexo e interdisciplinar: "O desenho industrial se caracteriza por uma necessidade de entrosamento entre fatores como, por um lado, tecnologia, racionalização e precisão; e por outro, comportamento humano e aspirações sociais de uma coletividade."[128]

Assim, a disciplina, bem como a situação brasileira, apresentava dois contextos, dois significados. O primeiro adequado às necessidades e interesses de um determinado grupo atento

126 Marco Antônio Amaral Rezende, hoje, um dos diretores do importante escritório brasileiro de design Cauduro/Martino, participava ativamente, durante a década de 1970, das atividades da Associação Brasileira de Desenho Industrial (ABDI). Em 1977, como presidente da ABDI, representaria a Associação Brasileira no 10º Congresso do ICSID, realizado em setembro de 1977, em Dublin, Irlanda. *Fonte*: REZENDE, Marco Antônio Amaral. Design? CJ. *Arquitetura*, n. 5, p. 56-82, maio/jul. 1974.

127 Aloísio Magalhães nasceu no Recife em 1927. Embora graduado em ciências jurídicas, foi pintor, pioneiro do design gráfico no Brasil, administrador cultural, incansável defensor do patrimônio histórico e artístico. Designer responsável pela identidade corporativa de muitas empresas brasileiras e professor da ESDI no Rio de janeiro passa a dedicar-se, em 1975, à implantação e coordenação do Centro Nacional de Referência Cultural (CNRC), o que marcaria o início de suas atividades em relação à cultura brasileira. Entretanto, a perspectiva aberta de pesquisa à procura de um desenvolvimento ancorado aos aspectos sociais e culturais do País encerra-se prematuramente com o seu falecimento em 1982. Fonte: Museu de Arte Moderna Aloisio Magalhães – MAMAM. Disponível em: <http://www.mamam.art.br/mam_apresentacao/aloisio.htm>. Acesso em: jan. 2008.

128 Discurso proferido por Aloísio Magalhães durante os simpósios da 29ª reunião anual da Sociedade Brasileira para o Progresso da Ciência (SBPC) realizado em São Paulo. *In*: LONDON, Valéria Munk. A contradição entre criatividade e a importação de tecnologia – o dilema do desenho industrial brasileiro. *Jornal do Brasil*, 25 jul. 1977.

às oportunidades que surgiam com o favorecimento do setor industrial e das exportações, promovidos pela política econômica do País; o outro, por sua vez, atento às áreas e populações, às quais o governo e sua política econômica ignoravam ou reprimiam, consciente do aprofundamento das desigualdades sociais no País, compreendendo o design como um fenômeno mais amplo, de grande alçada, cujos pressupostos, interdisciplinares, deveriam orientar-se em busca de uma solução coletiva capaz de desencadear um processo de desenvolvimento abrangente.

No entanto, do que resultavam duas perspectivas tão distintas para uma mesma atividade? As tentativas de estabelecer definições; a problemática do significado, tanto no debate internacional quanto nacional da disciplina eram e são constantes ainda nos dias atuais. E tal ambiguidade acentuava-se ainda mais graças às definições elaboradas a partir de concepções particulares, de determinados movimentos, setores ou indivíduos.

"Não existe uma definição única e universal de desenho industrial. (...)" [129]

> Antes de procurarmos analisar a situação do desenho industrial, cumpre tentar definir sua natureza. A atividade do desenhista industrial, mesmo nos países mais desenvolvidos, ainda está insuficientemente estabelecida. Sempre que entra em discussão, novas definições aparecem.[130]

E para ainda ampliar a dificuldade aos estudos dirigidos à área são encontrados nos textos, sobretudo no Brasil, o uso indistinto dos termos **desenho industrial** e **design**, com maior predominância do último a partir dos anos 1970. É possível encontrar textos cujos títulos empregam **desenho industrial** e, em seu desenvolvimento, usam o vocábulo **design** como sinônimo do anterior.

Ainda que poucas fontes da época estabeleçam a gradual transição ou substituição do termo **desenho industrial** por **design**, é possível identificar que há entre os muitos sentidos dados à disciplina, pelo menos um aspecto consensual a todos: desde a década anterior, durante os anos 1960, a noção de planejamento, o caráter de planejador, coordenador ou, ainda, mediador de diversos fatores aplicado à disciplina, parece ser um consenso entre as proposições encontradas. O que parece variar são as perspectivas relacionadas "às atividades" envolvidas no processo de planejamento; ora restritas às relações entre tecnologia e usuário ora mais amplas, responsáveis pelo aprimoramento do ambiente humano.

129 TALLON, Roger. O desenho industrial da protoforma à formática. *Jornal do Brasil*. 1º nov. 1969.

130 REZENDE, Marco Antônio Amaral. Design? CJ. *Arquitetura*, n. 5, p. 57, maio/jul. 1974.

Configurador da imagem útil do mundo industrial, o desenhista industrial é um mediador qualitativamente habilitado entre a produção e o consumo e atua no sentido de apurar, de modo criativo, a linguagem da vida material da comunidade.[131]

A inserção do conceito de planejamento à disciplina amplia as perspectivas da noção de **desenho industrial** até então vigente. A recente historiografia da disciplina surge, entre os anos 1940 e 1950, fortemente ancorada à historiografia do movimento moderno em arquitetura. Pevsner e Gideon, pioneiros nessa abordagem, foram os mesmos autores que inauguraram a historiografia sobre o desenho industrial.[132] Tal vínculo revela que a noção esteve, desde então, condicionada pelos ideais do movimento moderno.

Com o surgimento de uma reflexão crítica acerca do movimento moderno durante os anos 1960, contemporaneamente, a noção de **desenho industrial** entra em crise, sobretudo nos contextos em que o desenvolvimento e a institucionalização da disciplina elegeram a adoção das prerrogativas oriundas do modelo de origem alemã, leiam-se Bauhaus e Hfg de Ulm.

Portanto, como reflexo dessa crise no Brasil, há a transição ao termo **design** cujo objetivo, uma vez que a noção de planejamento passa a ser intrínseca à disciplina, é ampliar a abrangência de um campo anteriormente limitado aos aspectos do desenho de produto.

Este artigo, apesar de extenso, pretende apenas levantar alguns aspectos relativos ao desenho industrial – expressão que preferimos substituir pela original "design", por sua gama maior de significados – procurando determinar sua natureza, seu histórico e a atual situação no Brasil, enfim, da problemática.[133]

Retomando-se os discursos predominantes à época, o primeiro relacionado a uma visão da disciplina como prioridade tecnológica está presente em grande parte dos textos relacionados no índice. A possibilidade de desenvolvimento à disciplina a partir do favorecimento ao setor industrial contrastará com um ambiente industrial bastante resistente à inserção do designer em suas estruturas.

Tal resistência advém da soma de inúmeros fatores; como já anteriormente apontado no capítulo anterior: o modelo de substituição de importações exigiu baixa absorção e desenvolvimento de tecnologia, o que resultou no desenvolvimento de uma indústria com elevado grau de ineficiência, não competitiva interna e internacionalmente e, com pouca ou nenhuma criatividade em termos tecnológicos. A política protecionista

131 PIGNATARI, Décio. A profissão de desenhista industrial. *Arquitetura*, n. 21, p. 25-28, mar. 1964 e PIGNATARI, Décio. O desenhista industrial. *Habitat*, n. 77, p. 39-42, maio/jun. 1964.

132 CASTELNUOVO, Enrico; GLUBER, Jacques; MATTEONI, Dario. L'oggetto misterioso. In: CASTELNUOVO, Enrico (Org.). *Storia del disegno industriale* – 1919-1990 Il dominio del design. Milano: Electa, 1991. p. 405.

133 REZENDE, Marco Antônio Amaral, op. cit, loc. cit.

adotada objetivava criar as condições necessárias para o aprimoramento do setor; quando somada ao modelo de substituição de importações, praticado nos anos 1950, contribuiu para a formação de uma mentalidade empresarial protecionista no País – na qual os empreendedores industriais não compreendiam o protecionismo como um meio para que, dentro de um período, se implantasse uma indústria eficiente e competitiva; mas como um fim – no qual o protecionismo garantiu um mercado interno sem concorrência e, portanto, sem necessidade de investimentos para o desenvolvimento de novas tecnologias.[134]

Com a garantia de um mercado interno de consumo; a maioria da empresas estrangeiras atraídas para o País consolidou aqui estruturas industriais obsoletas, já superadas em seus países de origem, contribuindo para um fraco desenvolvimento tecnológico e criativo no campo da produção industrial brasileira.

Em geral, a maioria da população e, dentre ela, os industriais possuíam um conhecimento limitado sobre a disciplina: entendida como melhoramento estético, uma vez que o debate sobre a área surgira no meio intelectual e, por conseguinte, nas universidades – e até a década de 1960, estava ainda bastante restrito aos mesmos círculos. A partir dessa visão, a área foi percebida em grande parte do meio industrial com um caráter minoritário em relação às outras áreas presentes no desenvolvimento do processo de produção.

Desinteressados em empregar recursos para o desenvolvimento de setores internos direcionados à pesquisa e ao desenvolvimento de produtos, recorriam ao pagamento de *royalties* relativos ao direito de produção de produtos desenvolvidos no exterior ou, ao que é pior, à cópia grosseira de produtos internacionais.

Tal situação gerou no debate da disciplina um grande movimento de divulgação da área como elemento estratégico e necessário para o desenvolvimento da produção industrial brasileira e sua inserção no mercado internacional, cujos objetivos principais são explicados por meio das palavras de José Mindlin,[135] proferidas na ocasião da inauguração do Núcleo de Desenho Industrial (NDI) na Fiesp em 1980:

> (...) é uma tarefa de catequese convencer o empresário que o desenho industrial pode trazer uma contribuição importante para a indústria, no processo de produção, e na obtenção de um bom produto a custo menor, com retorno a médio e longo prazos.[136]

As soluções adotadas pelo setor empresarial brasileiro, a reprodução e o plágio do produto estrangeiro conferiram também outro tema ao debate da época: era a hora de discutir as questões relativas à identidade de produto, ou seja, a busca em

134 VERSIANI, Flávio R., SUZIGAN, Wilson. O processo brasileiro de industrialização: uma visão geral, op. cit. p. 25-26.

135 José Mindlin foi um dos empresários mais atuantes para o desenvolvimento de uma consciência empresarial sensível ao **design**. Além de conduzir, em 1980, a criação do Núcleo de Desenho Industrial (NDI) na Fiesp, estabeleceu um importante contato dessa entidade com o Masp, no qual foram realizadas muitas exposições relacionadas ao tema do **design** durante a década de 1970.

136 SANTOS, Maria Cecília dos. Desenho industrial busca seus caminhos. *Projeto*, n. 22, p. 15, ago. 1980.

conferir ao produto características "nacionais", compreendidas aqui como valor, capazes de identificá-los e, sobretudo diferenciá-los no mercado internacional; preocupações também apontadas ainda nos anos 1960 no discurso de Pignatari.[137]

A problemática da identidade também será uma constante nos textos em que os autores partem da segunda concepção também na época, mais ampla e interdisciplinar do design. Também alinhados com o discurso internacional sobre a disciplina, a identidade do produto brasileiro apresentará neste caso uma abordagem prioritariamente associada a uma assimilação da cultura popular e da experiência local com as perspectivas de um projeto participativo de toda a sociedade brasileira.

Nesta abordagem há o acréscimo de mais um elemento à noção de **design**, além do caráter de planejar ou mediar, já consensual à área. Assim, as atividades às quais o **designer** é chamado a atuar como: planejador, coordenador ou mediador; compreendem ou estendem-se a todo o ambiente humano e não são somente restritas às relações entre tecnologia e usuário."

Seria possível considerar, portanto, a inserção de um aspecto "ambiental' à noção de **design**, não compreendendo o vocábulo "ambiental" como preservação de recursos naturais. O significado do termo "ambiental" aproxima-se ao que se encontra nas seguintes palavras de Tomás Maldonado, na definição adotada pelo ICSID em 1969,[138] nas quais o design estende-se à adoção de todos os aspectos do ambiente humano condicionados pela produção industrial, ou seja, vai além dos aspectos funcionais e materiais, compreendendo uma concepção de significados intangíveis impregnados na materialidade do objeto.

A noção de desenho industrial assim como fora definida não parece ser mais suficiente para incluir os contextos distintos em que o designer é chamado para atuar pelos desenvolvimentos do capitalismo contemporâneo. Esta consideração ocorre também a partir do final da década de 1960, quando as perspectivas da disciplina, restritas à situação da Europa Ocidental e dos Estados Unidos, abrem-se às questões relativas aos países em desenvolvimento, àquela época conhecidos como países do Terceiro Mundo, nos quais a situação local obriga a reconsideração de alguns conceitos.

> Quando vim da Europa, não tinha informações sobre o que se passava aqui. Os europeus, como se sabe, não têm informações sobre o que se passa na América Latina. Essa vinda me obrigou a recolocar certos conceitos básicos que eu considerava praticamente imutáveis ou constantes. Assim a realidade social, econômica e sobretudo tecnológica, além de alguns aspectos da realidade política, me obrigaram a recolocar alguns conceitos ulmianos que de certo modo tinham sido mitologizados, como os foram da Bauhaus. É

137 PIGNATARI, Décio. A profissão de desenhista industrial, loc. cit.

138 Fonte: ICSID. Disponível em: <http://www.icsid.org/about/about/articles33.htm?query_page=1>. Acesso em: jan. 2008.

> imprescindível questionar o que é ainda válido "dessas escolas" ou desses enfoques; os países da América Latina não devem simplesmente importar modelos sem modificações, sob pena de se tornarem contraproducentes. As minhas experiências permitiram, por um lado, transmitir alguns aspectos metodológicos e um enfoque que se poderia classificar como da Escola de Ulm: o enfoque de um racionalismo crítico. Não um racionalismo dogmático, obsoleto, e sim um racionalismo que não menospreza os fatores subjetivos, e muitas vezes irracional ou não quantificáveis, do trabalho do projetista. Por outro lado, procuramos utilizar essa grande massa de conhecimentos científicos que estão aí inutilizados e transferi-los para a melhoria de nosso ambiente. Creio que nossa tarefa, como arquitetos, projetistas de objetos, desenhistas, programadores visuais é justamente buscar o aprimoramento de nosso ambiente artificial.[139]

E também, encontramos as mesmas aproximações nas palavras de Aloísio Magalhães em 1977:

> Como segundo ponto dessa reflexão, gostaria de enfatizar o caráter interdisciplinar do Desenho Industrial. Trata-se de uma atividade contemporânea e, como tal, nasceu da necessidade de se estabelecer uma relação entre diferentes saberes. Nasceu, portanto naturalmente interdisciplinar.
>
> Isso coincide com a percepção, já agora não somente de pensadores isolados, mas também de organismos. (...) Todos conscientes de que o chamado processo de desenvolvimento de uma cultura não se mede somente pelo progresso e pelo enriquecimento econômico, mas por um conjunto mais amplo e sutil de valores. Isto quer dizer que só através da análise e de estudos interdisciplinares, se poderá alcançar a compreensão do conjunto de fatores que serão capazes de configurar um crescimento verdadeiramente harmonioso.
>
> Aos fatores econômicos privilegiados até bem pouco foram acrescentados os fatores sociais e, já agora, a compreensão do todo cultural. O Desenho Industrial surge naturalmente como uma disciplina capaz de se responsabilizar por uma parte significativa desse processo. Porque não dispondo nem detendo um saber próprio, utiliza vários saberes: procura sobretudo compatibilizar de um lado aqueles saberes que se ocupam da racionalização e da medida exata – os que dizem respeito à ciência e à tecnologia – e de outro, daqueles que auscultam a vocação e a aspiração dos indivíduos – os que compõem o conjunto das ciências humanas.[140]

Também Bonsiepe quando questionado em 1977,[141] sobre qual seria a função social do desenho industrial nos países periféricos, responde:

> Eu diria que é uma função muito mais variada, muito mais ampla, onde as possibilidades de intervenção são maiores

139 Entrevista de Gui Bonsiepe concedida a Zuenir Ventura no dia 25 de abril de 1978 em passagem pelo Brasil. *Fonte*: VENTURA, Zuenir. Por um desenho industrial descolonizado. *Módulo*, n. 49 p. 94, jun./jul. 1978.

140 Discurso proferido em palestra por Magalhães em 1977, por ocasião da comemoração dos 15 anos de existência da ESDI. *Fonte*: MAGALHÃES, Aloísio. O que o desenho industrial pode fazer pelo país? *Arcos*, p. 11-12, 1998.

141 Entrevista de Gui Bonsiepe concedida a Zuenir Ventura no dia 25 de abril de 1978 em passagem pelo Brasil.

> nos países cêntricos. Estou inclusive convencido de que aqui o conteúdo da atividade do projetista é essencialmente diferente do trabalho do desenhista na metrópole. Ainda que seja muito difícil, creio que ele deve tratar de ligar seus esforços projetuais – o que nem sempre é possível por razões óbvias – à satisfação das necessidades básicas, que são um verdadeiro estigma; a enorme precariedade de subsistência de grande parte da população deste subcontinente e não só deste como também da Ásia e da África. Essa situação requer uma infraestrutura adequada para produzir e distribuir alimentos; uma infraestrutura para habitações que permitam proteger-se contra as influências climáticas, contra as enfermidades: uma infraestrutura sanitária; ferramentas de trabalho; e até maquinarias, porque a maioria delas foi desenhada para climas moderados e neste contexto tropical ou subtopical, não podem ser adequadas. Portanto, há que se inventar toda essa infraestrutura; reinventá-la livre de esquemas importados e criar uma nova cultura no campo. Esses ao meu ver, deveriam ser alguns dos aportes do desenho industrial aqui: melhorar a habitação, melhorar os problemas de trânsito, os bens básicos de consumo, etc.[142]

Dentro dessa vertente, fariam parte no contexto brasileiro Lina Bo Bardi com maior radicalismo e Aloísio Magalhães, inseridos em uma visão cultural mais ampla, e não codificada pelo vocabulário construtivista internacional.

Lina Bo Bardi, por sua vez, apresentaria ainda uma original contribuição graças aos seus textos e exposições realizadas sobre o pré-artesanato no Brasil e sobre a situação peculiar do País no quadro do Terceiro Mundo, em grande parte baseados na experiência da arquiteta em contato com a cultura popular do Nordeste:

> A arte não é tão inocente: a grande tentativa de fazer do desenho industrial a força regeneradora de toda uma sociedade faliu e transformou-se na mais estarrecedora denúncia de perversidade de um sistema. A tomada de consciência coletiva de mais de um quarto da população mundial, aquela que acreditou no progresso ilimitado, já começou. (...)
>
> O esforço contra a hegemonia tecnológica, que sucede no Ocidente ao complexo de inferioridade tecnológica no campo das artes, esbarra na estrutura de um sistema: o problema é fundamentalmente político-econômico. A regeneração através da arte, credo da Bauhaus, revelou-se mera utopia, equívoco cultural ou tranquilizante das consciências dos que não precisam e as metástases da incontrolável proliferação em massa, arrastaram junto as conquistas básicas do movimento moderno, transformando sua grande ideia fundamental – a Planificação – no equívoco utópico

142 VENTURA, Zuenir. Por um desenho industrial descolonizado. *Módulo*, n. 49 p. 99, jun./jul. 1978.

> da intelligentsia tecnocrática, que se esvaziou com sua falência a "racionalidade", posta contra a "emocionalidade", num fetichismo de modelos abstratos que encarava como iguais o mundo das cifras e o mundo dos homens. (...)
>
> O reexame da história recente do País se impõe. O balanço da civilização brasileira "popular é necessário, mesmo se pobre à luz da alta cultura". Este balanço não é do Folclore, sempre paternalisticamente amparado pela cultura elevada, é o balanço "visto do outro lado", o balanço participante. É o Aleijadinho e a cultura brasileira antes da Missão Francesa. É o nordestino do couro e das latas vazias, é o habitante das vilas, é o negro, é o índio, é uma massa que inventa, que traz uma contribuição indigesta, seca, dura de digerir. (...)
>
> O levantamento do pré-artesanato brasileiro podia ter sido feito antes do País enveredar pelo caminho do capitalismo dependente, quando uma revolução democrático-burguesa era ainda possível. Neste caso, as opções do desenho industrial podiam ter sido outras, mais aderentes às necessidades reais do País. (...)[143]

Segundo Basualdo (2007), embora Lina Bo Bardi não tenha feito parte do grupo dos tropicalistas, seu pensamento a enquadra no universo conceitual desse movimento que fora registrado na cultura brasileira entre 1967 e 1972. O objetivo era articular um ideal de nação – concebido em função da revalorização das "raízes" culturais e de exercer a liberdade de expressão em clara oposição ao projeto ideológico e político dos militares.

Certamente influenciada pelo movimento e principalmente por meio da estreita amizade com José Celso Martinez Corrêa – que juntamente com Caetano Veloso e Hélio Oiticica eram os representantes mais conhecidos do movimento – é inegável que as ideias de Bo Bardi sobre o design apresentam claras relações às propostas defendidas pelos tropicalistas. Contudo, ambas as perspectivas para a disciplina, ao final da década de 1970 e durante a década seguinte, pouco conseguiram fazer para o desenvolvimento do campo no País. Já nos últimos anos do período, o País entraria em uma forte recessão, cuja escassez de recursos permitiu que muitas dessas ações engendradas, sobretudo no ambiente industrial, perdessem suas forças. A alternativa, mais ampla e complexa, sobretudo dependente do papel do Estado, se ressentirá com o abandono do planejamento pelo governo, que daí em diante passa a estar completamente absorvido pelos pagamentos de juros e os altos índices de inflação e, portanto, incapaz de atuar como articulador de um projeto de desenvolvimento abrangente em todo o território nacional.

143 BARDI, Lina Bo. As opções culturais do design. *Senhor*, n. 13, p. 111, abr. 1979

Novos mapas para antigos caminhos: considerações finais sobre o percurso

5

Escrever *Do desenho industrial ao design – uma bibliografia crítica para a disciplina* ou qualquer texto cujo tema atém-se a conceitos relativos ao design é um grande desafio. Trata-se de adentrar num território movediço, cheio de dúvidas e incertezas, em que os caminhos são muitos. No entanto, são poucos os percorridos diante de suas possibilidades, e destes há que se escolher por algum, como tentativa de iluminar aspectos ainda pouco claros da disciplina.

Como são escassos os mapas e há poucas indicações de caminhos inquestionáveis para percorrer esse campo, sobretudo no Brasil, era preciso iniciar com a tentativa de elaborar um novo mapa para os velhos caminhos, a fim de tornar mais seguras as posteriores incursões ao campo do design.

Dessa forma determinou-se como objetivo inicial construir uma bibliografia crítica sobre a disciplina, elaborada a partir de uma abordagem histórica inicialmente apoiada em três aspectos fundamentais: a crítica e a imprensa especializadas; as instituições de ensino e as exposições e a criação de estruturas expositivas. Destes, posteriormente, privilegiou-se a produção crítica publicada, pois não havia como abordar a significativa quantidade de material encontrado – uma das surpresas presentes ao longo do percurso – em tempo hábil para a conclusão das investigações.

Objetivando constituir um repertório de informações sobre a disciplina elegeu-se como fonte de pesquisa as décadas de 1950, 1960 e 1970, período significativo para a instituição oficial da disciplina no País, no qual ocorreu a institucionalização no campo profissional, e também um momento muito particular para o Brasil: a superação vertiginosa de uma estrutura predominantemente agrária para um modelo de economia baseado na produção industrial, com todas as suas consequências e modelos de planejamento para a nação que passam das mãos de um poder democrático para um regime militar extremamente desigual e opressor. São nessas circunstâncias que a disciplina, pouco a pouco, vai configurando-se nas condições nacionais.

Como adentrar nessa seara na atualidade sem dar conta dos aspectos relativos ao seu anterior desenvolvimento? Do contato com o passado por meio da leitura analítica da produção cultural de uma época pretendeu-se entender o significado de desenho industrial no País durante o período e fundamentar abordagens atuais sobre o que hoje chamamos de design.

As noções de **desenho industrial** e design assemelham-se a teorias relativas, surgem como tentativas de compreensão dos processos e dinâmicas circunscritas, sobretudo relacionadas aos objetos em uma sociedade num determinado período de tempo e, portanto, passíveis de superação, por seus caracteres de complexidade e perenidade.

Assim, a partir de um arcabouço de informações, impôs-se a perspectiva de reconhecimento da disciplina no Brasil à luz de cada um dos períodos: as décadas de 1950, 1960 e 1970, os iluminando por meio de diálogos estabelecidos com outras produções internacionais sobre a área.

Se nos anos 1950 a tradução de *industrial design* por **desenho industrial** tanto aqui como no ambiente internacional ganhará matizes relacionados ao movimento moderno, por diversos fatores; nos anos 1960, o questionamento crítico sobre as conquistas do movimento colocará em cheque a posição da disciplina num novo ambiente determinado por velozes mudanças tecnológicas, econômicas, políticas, sociais e culturais. Os reflexos dessas questões foram sentidos no Brasil, a partir dos anos 1970, momento no qual a disciplina, caracterizada por aspectos mais amplos em âmbito internacional, tendo inclusive a sua nomenclatura revista, de **desenho industrial** para **design**, ganhará contornos específicos determinados pela situação social, política, econômica e cultural do País.

Quais serão os papéis a serem exercidos pela disciplina no contexto atual, a partir de uma perspectiva na qual ela se posiciona como configuradora do ambiente artificial em que vivemos? São muitas as opções: desde o favorecimento de um hedonismo individualista às configurações atentas das problemáticas relativas à sobrevivência e ao bem-estar do indivíduo com um sentido mais abrangente e coletivo.

Há que se configurar o papel da disciplina levando-se em conta as várias formas de existências dentro de experiências locais.

Partindo-se do pressuposto de que, portanto, não se trata de um campo estático não há como deter-se em determinar um caráter definitivo ou conclusivo à disciplina, mas, sobretudo, examinar em cada contexto de espaço e tempo, o seu papel e o seu significado.

São esses termos, portanto, que deverão sempre determinar a necessidade de reconfigurar os mapas acerca das investigações e das atividades relativas ao que hoje chamamos de design: a constante indagação sobre quais ambientes são determinados pela atividade e como o ensino da disciplina pode contribuir para uma consciência crítica aprofundada acerca do papel que o profissional deverá exercer, superadas as limitações direcionadas unicamente às configurações dos objetos, mas levando-se em conta o caráter, em grande parte, de configurador da experiência humana.

Índice geral de artigos publicados nas décadas de 1950, 1960 e 1970

Móveis novos: projetos de Lina Bo e Giancarlo Palanti. *Habitat*, n. 1, p. 53-59, out./dez. 1950.

Desenho industrial: móveis desenhados por Achilina Bo Bardi. *Habitat*, n. 5, p. 62-63, 1951.

Artesanato e indústria. *Habitat*, n. 9, p. 86, 1952.

HAUNER, Carlo. A nova cerâmica em São Paulo. *AD Arquitetura e Decoração*, n. 8, nov./dez. 1954.

BRUCK, Peter. A forma e o espaço moderno. *AD Arquitetura e Decoração*, n. 13, set./out. 1955.

Forma: projetos de Carlos Hauner e Ernesto Hauner. *AD Arquitetura e Decoração*, n. 9, jan./fev. 1955.

Sobre a nova educação diante dos problemas de automatização: Hoschule für Gestaltung. *Habitat*, n. 34, p. 60, set. 1956.

Duas cadeiras. Projeto de Paulo Archias Mendes da Rocha. Acrópole, n. 219, p. 110, jan. 1957

PIGNATARI, Décio. Forma, função e projeto geral. *AD Arquitetura e Decoração*, n. 24, jul./ago. 1957.

Mesinhas para exposição; projeto de Giancarlo Palanti. *Acrópole*, n. 232, p. 159, fev. 1958.

Desenho Industrial Olivetti. *Habitat*, n. 50, p. 22-25, set./out. 1958.

Formas. *Habitat*, n. 50, p. 40-41, set./out. 1958

CRISPOTTI, Enrico. Premissas históricas do desenho industrial. *Habitat*, n. 51, p. 20-23, nov./dez. 1958; n. 50, p. 34 -39, set./nov. 1958.

Desenho para interiores. *Habitat*, n. 51, p.15-19, nov./dez. 1958.

DORFLES, Gillo. As artes industriais na cidade nova. *Arquitetura e Engenharia*, n. 55, p. 8, set./out. 1959.

BARATA, Mário. Artes industriais da Finlândia e arquitetura de exposições. *Módulo*, v. 2, n. 13, p. 22-23, abr. 1959.

GONÇALVES, Ritva Yara Urban. A exposição da arte decorativa finlandesa. *Módulo*, v. 2, n. 13, p. 26-29, abr. 1959.

GULLAR, Ferreira. Da arte concreta a arte neoconcreta. *Módulo*, v. 2, n. 13, p. 30-35, abr. 1995.

Henry Van de Velde: o "décor" para a dignidade da vida. *Habitat*, n. 56, p. 9-11, set./out. 1959

Desenho industrial. *Módulo*, v. 3, n. 17, p. 50-52, abr. 1960.

Construir com cubos. *Habitat*, n. 63, p. 3-18, mar. 1961.

KNOX, John E. Novo desenho de um moinho de café. *Módulo*, v. 7, n. 28, p. 44-47, jun. 1962.

Objeto estético vai se tornar utilidade. *Arquitetura*, n. 7, p. 29-30, jan. 1963.

CORONA, Eduardo. O desenho industrial, o arquiteto e iniciativas erradas. *Acrópole*, n. 292, p. 102, mar. 1963.

Desenho industrial na GB. *Arquitetura*, n. 10, p. 22-24, abr. 1963.

GULLAR, Ferreira. Arte industrial na Checoslováquia. *Arquitetura*, n. 11, p. 21-25, maio 1963.

Renovação do "Industrial Design" no Brasil. *Arquitetura*, n. 12, p. 40-41, jun. 1963.

GRINOVER, Lúcio. Quatro arquitetos brasileiros em Paris. *Acrópole*, n. 297, p. 268-269, jul. 1963.

BLACK, Misha. Desenho Industrial: arte ou tecnologia. *Arquitetura*, n. 14, p. 18-9, ago. 1963.

CECCON, Claudius S. P. Escola Superior de Desenho Industrial: experiência de um ano e perspectivas. *Arquitetura*, n. 21, p. 10-13, mar. 1964.

CORONA, Eduardo. Desenho Industrial. *Acrópole*, n. 304, p. 22, mar. 1964.

GRINOVER, Lúcio. Desenho Industrial. *Habitat*, n. 76, p. 52-54, mar./abr. 1964.

CAUDURO, João Carlos. Origem e desenvolvimento industrial no Brasil. *Habitat*, n. 76, p. 47-50, mar./abr. 1964.

REGO, Flávio Monteiro. Arquitetura e Desenho Industrial. *Arquitetura*, n. 16, p. 18-19, out.1963; n. 22, p. 16-7, abr. 1964.

PIGNATARI, Décio. A profissão de desenhista industrial. *Arquitetura*, n. 21, p. 25-28, mar. 1964.

______. O desenhista industrial. *Habitat*, n. 77, p. 39-42, maio/jun. 1964.

______. Móveis e Objetos. *Habitat*, n. 77, p. 43-44, maio/jun. 1964.

______. Novas formas e novas utilidades. *Habitat*, n. 79, p. 51-55, set./out.1964.

______. O sentido de uma exposição. *Acrópole*, n. 312, p. 33, nov./dez. 1964.

AQUINO, Flávio de. Escola Superior de Desenho Industrial. *Módulo*, v. 8, n. 34, p. 32-38, ago. 1963; v. 9, n. 38, p. 45-51, dez. 1964.

______. Escola Superior de Desenho Industrial. *Arquitetura*, n. 31, p. 40-41, jan. 1965.

BAERLIN, Ronaldo e equipe. Objeto sempre. *Arquitetura*, n. 31, p. 33, jan. 1965.

PROCHNIK, Wit Olaf. Objetos de madeira. *Arquitetura*, n. 31, p. 38, jan. 1965.

CORONA, Eduardo. ABDI, IAB, ESDI, FAU, UD, USE etc. *Acrópole*, n. 317, p. 20, maio 1965.

______. Aparelhos médicos desenhados no Brasil: projeto de Carl Heinz Bergmiller. *AC Arquitetura e Construção*, v. 1, p. 56-57, nov. 1966.

______. Eames, o criador. *AC Arquitetura e Construção*, p. 48-50, jul. 1966.

______. Você sabe ler objetos? *AC Arquitetura e Construção*, v. 1, n. 2, p. 30-31, dez. 1966.

______. Uma bienal de desenho industrial. *AC Arquitetura e Construção*, v.1, n. 4, p. 38, abr./jun. 1967.

______. Uma casa experimental de nossa era: projeto de George Nelson. *Habitat*, n. 60, p. 17-22, maio/jun. 1967.

______. Prêmio Compasso de Ouro ABDI, Associação de Desenho da Itália. *Arquitetura*, n. 71, p. 7-8, maio 1968.

______. Desenho Industrial: projeto de José Carlos Bornancini e Nelson Ivan Petzold. *Acrópole*, n. 351, p. 31, jun. 1968.

______. Desenho Industrial: os italianos também são mestres. *Jornal do Brasil*, 05 jul. 1969.

TALLON, Roger. O desenho industrial da protoforma à formática. *Jornal do Brasil*, 1º nov. 1969.

______. Novas formas e cores. *Casa & Jardim*, n. 180, p. 40-41, jan. 1970.

SANTOS, Antonieta. Desenho Industrial. *Diário de São Paulo*, 14 jun. 1970.

______. Design: é a própria vida. *Correio da Manhã*, 26 jun. 1970.

LIMA, Mariângela A. de. Design: a melhor maneira de fazer as coisas. *Folha de S. Paulo*, 28 jun. 1970.

______. Um lugar para o Desenho Industrial. *Folha de S. Paulo*, 26 jun. 1970.

______. Design: a criação de um falso novo?, *Folha de S. Paulo*, 28 jun. 1970.

______. "Leva-eu" o táxi projetado para a cidade difícil. *Folha de S. Paulo*, 28 jun. 1970.

______. Design no Brasil: bom. Mas ainda importamos. *Folha de S. Paulo*, 28 jun. 1970.

______. Nós compramos uma mensagem chamada produto. *Folha de S. Paulo*, 28 jun. 1970.

______. Dinheiro novo como expressão de uma época. *Folha de S. Paulo*, 28 jun. 1970.

______. Objetos de bom desenho. *Casa & Jardim*, n. 186, p. 63-66, jul. 1970.

______. Cerâmica. *Casa & Jardim*, n. 187, p. 72, ago. 1970.

_____. Arquitetura de interiores. *Projeto e Construção*, p. 54-57, set. 1970.

_____. Poltrona Wassily: projeto de Marcel Breuer. *Casa & Jardim*, n. 190, nov. 1970.

SAARINEN. *Casa & Jardim*, n. 190, p. 34-35, nov. 1970.

_____. Conjunto para jardim: projeto de Richard Shutz. *Casa & Jardim*, n. 190, p. 37, nov. 1970.

_____. Linha Barcelona: projeto Mies Van der Rohe. *Casa & Jardim*, n. 190, p. 38-9, nov. 1970.

COURI, Norma. O Faz-de-Conta do Bom Desenho. *Jornal do Brasil*, 06 Jan. 1971.

_____. A importância do desenho industrial: Aurélio Martinez Flores. *Casa & Jardim*, n. 193, p. 26-31 e 34, fev. 1971.

_____. Móveis com material não convencional: projetos de Jorge O. Caron. *Casa & Jardim*, n. 193, p. 43-50, fev. 1971.

ARNOULT, Michel. À procura de um produto democrático. *Casa & Jardim*, n. 195, p. 20-24, abr. 1971

_____. O móvel de hoje; projetos de Ernesto Hauner. *Casa & Jardim*, n. 196, p. 20-23, maio 1971.

_____. Uma jovem no campo do desenho industrial: Adriana Adam. *Casa & Jardim*, n. 197, p. 20-23, jun. 1971.

_____. Design: Arnold Wolfer, designer. *Casa & Jardim*, n. 198, p. 24-27, jul. 1971.

_____. Design: Geraldo de Barros. Casa & Jardim, n. 199, p. 24-27, ago. 1971.

_____. Novas tendências do design francês. Casa & Jardim, n. 201, p. 8, out. 1971.

_____. Desenho industrial: pesquisar para industrializar: projetos de Cauduro/Martino Arquitetos Associados. *Acrópole*, n. 390/1, p. 31-33, nov./dez. 1971.

_____. Design: Mario Rambelli. *Casa & Jardim*, n. 203, p. 34-36, dez. 1971.

_____. Nova linha de azulejos sai de um concurso de arquitetos. *A construção em São Paulo*, n. 1256, p. 21-22, mar. 1972.

_____. Design: De Andrade. *Casa & Jardim*, n. 208, p. 68-74, maio 1972.

_____. Cadeiras. *Casa & Jardim*, n. 211, p. 68-74, ago. 1972.

_____. Desenho industrial dá mais colorido aos trens: projeto de Cláudio de Senna Frederico e João Paulo Lacerda. *A Construção em São Paulo*, n. 1318, p. 5-8, maio 1973.

VENTURA, Alessandro. Notas sobre o desenho industrial. *Casa & Jardim*, n. 221, p. 106, jun. 1973.

_____. O significado do desenho industrial na bienal e na profissão do arquiteto. CJ. *Arquitetura*, n. 3, p. 133-139, nov./dez. 1973/jan. 1974.

BORELLI, Mário. O design brasileiro. *Casa & Jardim*, n. 228, p. 100, jan. 1974.

_____. A ABDI em 1974. CJ. *Arquitetura*, n. 5, p. 84-85, maio/jul. 1974.

KATINSKY, Júlio Roberto. Os caminhos para o desenho industrial. CJ. *Arquitetura*, n. 5, p. 50-51, maio/jul. 1974.

PAPANEK, Victor. Depoimento: o que é design? Trad. de Marco Antônio Amaral Rezende. C.J. *Arquitetura*, n. 5, p. 12-16, maio/jul. 1974.

PIGNATARI, Décio. Design: ordem e invenção. CJ. *Arquitetura*, n. 5, p. 29-30, maio/jul. 1974.

REZENDE, Marco Antônio Amaral. Design? CJ. *Arquitetura*, n. 5, p. 56-82, maio/jul. 1974.

_____. Produtos: a idéia Braun. CJ. *Arquitetura*, n. 5, p. 86-90, maio/jul. 1974.

VISCONTI, Sávio. O móvel e suas tendências. *Casa & Jardim*, n. 233, p. 106, jun. 1974.

LIZARRÁGA, Antônio G. "Designer" ou desenhista industrial. *Casa & Jardim*, n. 234, p. 98, jul. 1974.

_____. Móvel prático: projeto de Monotti Levi Neto. *Casa & Jardim*, n. 234, p. 6-8, jul. 1974.

_____. O Desenho Industrial – A idéia Braun. *Diário de São Paulo*. 21 jul. 1974.

_____. Prêmio, desenho industrial: quiosque: projeto de Percival Lafer, Daniel Lafer e Gilberto Fagundes. CJ. *Arquitetura*, n. 8, p. 80-1, 1975.

TORRES, Maurício. O design brasileiro ainda sem estilo. Qual será o seu futuro? *Jornal do Brasil*, 30 Jul. 1975.

______. Calendário – O que é mesmo design?(A resposta, só no fim da semana). *Jornal da Tarde*, 24 nov. 1975.

______. Para casa ou para presente. *Casa & Jardim*, n. 252, p. 70-3, jan. 1976.

______. A funcionalidade do móvel atual; projetos de José Bioni Júnior e Paulo G. Santo. *Casa & Jardim*, n. 255, p. 60, abr. 1976

______. Desenho Industrial no Brasil – Entre a compra e a cópia, uma profissão de muitos riscos. O Globo. 31 jul. 1976.

______. O moderno design finlandês. *Casa & Jardim*, n. 260, p. 76-82, set. 1976.

MAGALHÃES, Aloísio. O que o desenho industrial pode fazer pelo País? *Arcos*, p. 11-12 1998.

______. Nos móveis, o talento do desenho nacional: Concurso Forma de Desenho Industrial. *Projeto*, n. 2, p. 4-6, abr./maio 1977.

______. Premiação do Concurso Forma de Desenho Industrial. *Módulo*, n. 46, p. 90-91, jul./set. 1977.

LONDON, Valéria Munk. A contradição entre criatividade e a importação de tecnologia – o dilema do desenho industrial brasileiro. *Jornal do Brasil*, 25 jul. 1977.

REZENDE, Marcos A. A identidade do produto brasileiro. *Módulo*, n. 48, p. 77-81, abr./maio 1978.

VENTURA, Zuenir. Por um desenho industrial descolonizado. *Módulo*, n. 49, p. 90-99, jun./jul. 1978.

______. A revolução tecnológica e a comunicação de massa valorizam o "designer". *Diário de São Paulo/Diário da Noite*, 09 e 10 jul. 1978.

______. Designer: elaboração do produto. *Diário de São Paulo*, 09 ago. 1978.

______. Móveis funcionais e dentro da ordem. *Projeto*, n. 8, p. 24-25, set. 1978.

______. Núcleo de Desenho Industrial. *Folha de São Paulo*, 11 mar. 1979.

BARDI, Pietro Maria. Design. *Senhor*, n. 13, p. 110, abr. 1979.

BARDI, Lina Bo. As opções culturais do design. Senhor, n. 13, p. 110-111, abr. 1979.

______. Design italiano, exemplo para o Brasil. *Senhor*, n. 13, p. 112, abr. 1979.

______. Também na Meca do design. *Senhor*, n. 13, p. 112, abr. 1979.

LEVY, Sonia. O homem é o fim. *Senhor*, n. 13, p. 112, abr. 1979.

______. Prático, leve e lavável. *Senhor*, n. 13, p. 113, abr. 1979.

______. Disciplina em vias de expansão. *Senhor*, n. 13, p. 113, abr. 1979.

______. Feira não motivou industriais. *Senhor*, n. 13, p. 113, abr. 1979.

PAIVA, José Luiz de Paula. Embalagem, um mundo. *Senhor*, n. 13, p. 114, abr. 1979.

______. A pouca valia dos concursos. *Senhor*, n. 13, p. 114, abr. 1979.

______. O tímido respeito ao DI. *Senhor*, n. 13, p. 115, abr. 1979.

CAMPOS, Francisco de Paula Machado de. Tecnologia vai ao povo. Através de um museu. *Senhor*, n. 13, p. 115, abr. 1979.

______. Entre a Arte e o Design. *Senhor*, n. 13, p. 116, abr. 1979.

SEMERARO Jr., Francisco Augusto. Os riscos de um design ausente. *Senhor*, n. 13, p. 116, abr. 1979.

CHITI, Carlos. Forma, material e cor. *Senhor*, n. 13, p. 117, abr. 1979.

AZEVEDO, José Olavo de. Além do belo, o funcional. É o design. *Senhor*, n. 13, p. 117, abr. 1979.

______. Não temos design. E de quem é a culpa? *Senhor*, n. 13, p. 118-119, abr. 1979.

JORDAN, Fred. Todas as intenções do envelope. *Senhor*, n. 13, p. 120, abr. 1979.

______. E nenhuma escola de design. *Senhor*, n. 13, p. 120, abr. 1979.

MOURA, Laís. Presença do design na Bienal. *Senhor*, n. 13, p. 120, abr. 1979

______. Tipografia, design nascente. *Senhor*, n. 13, p. 121, abr. 1979.

_____. A antropometria no desenho brasileiro. Forma S.A. Móveis e Objetos de Arte. *Projeto*, n. 15, p. 24-25 set./out. 1979.

_____. Desenho Industrial terá agora o primeiro núcleo. *O Estado de S. Paulo*, 29 nov. 1979.

_____. O Design Brasileiro pode agora ter sua oportunidade. *Folha de S. Paulo*, 29 nov. 1979.

SANTOS, Paulo F. A revolução industrial e a mecanização das artes. *O Estado de S. Paulo*, 30 dez. 1979. Suplemento Cultural.

_____. Compra de projeto estrangeiro prejudica "design" brasileiro. *Jornal do Brasil*, 03 dez. 1979.

ALMEIDA, Ricardo Porto de. Brasil procura seu desenho industrial. O *Estado de S. Paulo*. 16 mar. 1980.

_____. Um lugar para o desenho industrial. *Folha de S. Paulo*, 26 jun. 1980.

SANTOS, Maria Cecília dos. A produção crescente no design brasileiro. *Projeto*, n. 21, p. 52-57, jul. 1980.

SANTOS, Maria Cecília dos. Desenho industrial busca seus caminhos. *Projeto*, n. 22, p. 15-17, ago. 1980.

REDIG, Joaquim. Um encontro histórico. *Design & Interiores*, n. 10, p. 108-110, 1988.

Bibliografia geral

ACAYABA, Marlene Milan. *Branco e preto:* uma história de design brasileiro nos anos 50. São Paulo: Instituto Lina Bo e P. M. Bardi, 1994.

AMARAL, Aracy (Org.). *Arte construtiva no Brasil.* São Paulo: Companhia Melhoramentos; São Paulo: DBA Artes Gráficas, 1998. (Coleção Adolpho Leirner).

ARANTES, Otília Beatriz Fiori. *Mario Pedrosa:* itinerário critico. São Paulo: Editora Pagina Aberta, 1991

ARGAN, Giulio Carlo. *Arte moderna.* São Paulo: Companhia das Letras, 1996.

______. *História da arte como história da cidade.* São Paulo: Martins Fontes, 1995.

______. *Progetto e oggetto.* Scritti sul design. GAMBA, Cláudio. (org.). Milano: Medusa, 2003.

AZEVEDO, Ricardo Marques de. *Metrópole:* abstração. São Paulo: Perspectiva, 2006.

BARDI, Lina Bo. *Tempos de grossura:* o design no impasse. São Paulo: Instituto Lina Bo e P. M. Bardi, 1994.

______. FERRAZ, Marcelo Carvalho (Coord.). Lina Bo Bardi. *São Paulo:* Empresa das Artes: Instituto Lina Bo e P. M. Bardi, 1993.

BARDI, Pietro Maria. *Mestres, artífices, oficiais e aprendizes no Brasil.* São Paulo: Banco Sudameris Brasil, 1981.

______. *Excursão ao território do design.* São Paulo: Banco Sudameris Brasil, 1986.

______. *História do MASP.* São Paulo: Instituto Quadrante, 1992.

BASUALDO, Carlos. (Org.) *Vanguarda, cultura popular e indústria cultural no Brasil.* São Paulo: Cosac Naify, 2007.

BAUDOT, François. *Moda do século.* São Paulo: Cosac Naify, 2002.

BRANZI, Andrea. *Introduzione al design italiano:* una modernità incompleta. Milano: Baldini & Castoldi, 1999.

BONSIEPE, Gui. *Teoría y práctica del diseño industrial:* elementos para una manualística crítica. Barcelona: Gustavo Gilli, 1978.

CAMPANÁRIO, Milton de Abreu; SILVA, Marcelo Muriz da. *Fundamentos de uma nova política industrial.* São Paulo: Valor Econômico, 2004.

______. Paesi in via di sviluppo: la coscienza del design e la condizione periferica. In: CASTELNUOVO, Enrico (Org.) Storia del disegno industriale – 1919-1990 Il domínio del design. Milano: Electa, 1991.

CASTELNUOVO, Enrico (Org.). *Storia del disegno industriale* – 1919-1990 Il domínio del design. Milano: Electa, 1991.

CASTELNUOVO, Enrico; GLUBER, Jacques; MATTEONI, Dario. L'oggetto misterioso. In: CATELNUOVO, Enrico (Org.). *Storia del disegno industriale*: 1919 - 1990 Il dominio del design. Milano: Electa, 1991.

CASTELNUOVO, Enrico; GLUBER, Jacques; MATTEONI, Dario. apud MARGOLIN, victor. *Design discourse Chicago*, 1989.

CARDOSO, Rafael (Org.). *O design brasileiro antes do design:* aspectos da história gráfica, 1870-1960. São Paulo: Cosac Naify, 2005.

______. *Uma introdução à história do design. São Paulo:* Blucher, 2004.

CORBUSIER. Le. *A arte decorativa.* São Paulo: Martins Fontes, 1996.

DORFLES, Gillo. *Introduzione al disegno industriale*. Bologna, 1963.

_____. *Simbolo, comunicacion y consumo*. Barcelona: Lumen, 1967

_____. *Artificio e natura*. Torino, 1968.

_____. *Devenire della critica*. Torino: Einaudi, 1982.

_____. *O design industrial e a sua estética*. Lisboa, 1991.

ESCOLA SUPERIOR DE DESENHO INDUSTRIAL. ESDI – Conseqüências de uma idéia. *Catálogo comemorativo dos 30 anos da Escola Superior de Desenho* Industrial ESDI. Rio de Janeiro, 1993.

FAUSTO, Boris. *História concisa do Brasil*. São Paulo: Edusp, 2006.

FUSCO, Renato de. *Storia del design*. Bari, 1985.

GIEDION, Siegfried. *Mechanization takes command:* a contribution to anonimous history. New York: Oxford University Press, 1948.

KATINSKY, Júlio Roberto. Desenho industrial. In: ZANINI, Walter (Org.). *História geral da arte no Brasil*. São Paulo: Instituto Moreira Salles, 1983.

LEITE, João de Souza. *A herança do olhar:* o design de Aloísio Magalhães. Rio de Janeiro: Artviva, 2003.

_____. De costas para o Brasil: o ensino de um design internacionalista. In: MELO, Chico Homem de (Org.). *O design gráfico brasileiro:* anos 60. São Paulo: Cosac Naify, 2006.

LUPTON, Ellen. *Pensar com tipos:* um guia para designers, escritores, editores e estudantes. São Paulo: Cosac Naify, 2006.

MALDONADO, Tomás. Diseño industrial reconciderado. Barcelona: Gustavo Gillo, 1977.

MANTEGA, Guido. Modelos de crescimento e a teoria do desenvolvimento econômico. In: Relatório de Pesquisas n. 3. são Paulo: Easp/FGV/NPP/ Núcleo de Pesquisas e Publicações, 1998.

MELO, Chico Homem de (Org.). *O design gráfico brasileiro:* anos 60. São Paulo: Cosac Naify, 2006.

MONTANER, Josep Maria. *La modernidad superada:* – Arquitectura, arte y pensamiento del siglo XX. Barcelona: Gustavo Gilli, 1997.

MORAES, Dijon de. *Análise do design brasileiro:* entre mimese e mestiçagem. São Paulo: Blucher, 2006.

NESBITT, Kate (Org.). *Uma nova agenda para a arquitetura:* antologia teórica (1965-1990). São Paulo: Cosac Naify, 2006.

NETO, Eduardo Barroso. *Estratégia de design para países periféricos*. Brasília: Ed. CNPq, 1981.

NIEMEYER, Lucy. *Design no Brasil:* origens e instalação. Rio de Janeiro: Editora. 2AB, 1997.

PAPANEK, Victor J. *Diseñar para el mundo real:* ecología humana y cambio social. Madrid: H. Blume Ediciones, 1977.

PEDROSA, Mario. Arte Ambiental, Arte Pós-Moderna, Hélio Oiticica. In: AMARAL, Aracy (Org.). *Dos murais de Portinari aos espaços de Brasília*. São Paulo: Editora Perspectiva, 1981.

PEDROSA, Mário. *Política das artes:* textos escolhidos/Mario Pedrosa. ARANTES, Otilia (Org.). São Paulo: Edusp, 1995.

PEDROSA, Mário. F*orma e percepção estética*/Mario Pedrosa. ARANTES, Otilia (Org.). São Paulo: Edusp, 1996.

PEDROSA, Mário. *Acadêmicos e modernos:* textos escolhidos III/Mario Pedrosa. ARANTES, Otilia (Org.). São Paulo: Edusp, 1996.

PEDROSA, Mário. *Modernidade cá e lá:* textos escolhidos IV/Mario Pedrosa. ARANTES, Otilia (Org.). São Paulo: Edusp, 2000.

PEVSNER, Nikolaus. *Pioneiros do desenho moderno:* de William Morris a Walter Gropius. São Paulo: Martins Fontes, 1980.

_____. *Estudios sobre arte, arquitectura y diseño:* del manierismo al romanticismo, era victoriana y siglo XX. Barcelona: Gustavo Gili, 1983.

RIBEIRO, Darcy. *O povo brasileiro:* a formação e o sentido do Brasil. São Paulo: Companhia das Letras, 1995.

ROSSETTI, Eduardo Pierrotti. Tensão moderno/ popular em Lina Bo Bardi: nexos de arquitetura. Disponível em: <http://www.vitruvius.com.br/arquitextos>. Jan. 2008.

SANTOS, Maria Cecília Loschiavo dos. *Móvel moderno no Brasil*. São Paulo: Studio Nobel: Fapesp, 1995.

SEGAWA, Hugo; CREMA, Adriana; GAVA, Maristela. *Revistas de arquitetura, urbanismo, paisagismo e design:* a divergência de perspectivas. Ci. Inf., Brasília, v. 32, n. 3, p. 120-127, set./dez. 2003.

STOLARSKI, André. *Alexandre Wollner e a formação do design moderno no Brasil:* depoimentos sobre o design visual brasileiro. São Paulo: Cosac Naify, 2005.

VERSIANI, Flávir; SUZIGAN, Wilson. O processo brasileiro de industrialização: uma visão geral. Texto preparado para a seção relativa à industrialização da América Latina no X CONGRESSO INTERNACIONAL DE HISTÓRIA ECONÔMICA, Louvain, ago. 1990.

WODD, Paul et al. *Modernismo em Disputa:* a arte desde os anos quarenta. São Paulo: Cosac Naify, 1998.

Este livro foi composto com as famílias tipográficas brasileiras *Beret*, de Eduardo Omine e *Adriane*, de Marconi Lima, em setembro de 2010, em São Paulo, Brasil, por Editora Edgard Blucher Ltda., segundo projeto gráfico desenvolvido por Priscila Farias. Impresso e encadernado na gráfica Cromosete, em setembro de 2010.